Ätherisches Öl von Cinnamomun zeylanicum bei der Bekämpfung von R. microplus

Chemische Zusammensetzung und Bewertung der krapathischen Aktivität des ätherischen Öls von C. zeylanicum bei der Bekämpfung von R. microplus

ScienciaScripts

Imprint

Any brand names and product names mentioned in this book are subject to trademark, brand or patent protection and are trademarks or registered trademarks of their respective holders. The use of brand names, product names, common names, trade names, product descriptions etc. even without a particular marking in this work is in no way to be construed to mean that such names may be regarded as unrestricted in respect of trademark and brand protection legislation and could thus be used by anyone.

Cover image: www.ingimage.com

This book is a translation from the original published under ISBN 978-613-9-68308-6.

Publisher:
Sciencia Scripts
is a trademark of
Dodo Books Indian Ocean Ltd. and OmniScriptum S.R.L publishing group

120 High Road, East Finchley, London, N2 9ED, United Kingdom
Str. Armeneasca 28/1, office 1, Chisinau MD-2012, Republic of Moldova, Europe

ISBN: 978-620-8-20792-2

Copyright © Ildenice Nogurira Monteiro, Victor Elias Mouchrek, Odair Monteiro
Copyright © 2024 Dodo Books Indian Ocean Ltd. and OmniScriptum S.R.L publishing group

Ildenice Nogurira Monteiro
Victor Elias Mouchrek
Odair Monteiro

Ätherisches Öl von Cinnamomun zeylanicum bei der Bekämpfung von R. microplus

ZUSAMMENFASSUNG

Ich widme diese Arbeit 2
Danksagung 3
ZUSAMMENFASSUNG 4
1 EINFÜHRUNG 5
2. ZIELE 8
3. THEORETISCHE GRUNDLAGEN 9
4. EXPERIMENTELLER TEIL 20
5. Ergebnisse und Diskussion 28
6. Schlussfolgerungen 40
REFERENZEN 41

ICH WIDME DIESE ARBEIT

*Meiner Mutter, **Eunice dos Santos Costa Nogueira**, die in jedem Moment meines Lebens an meiner Seite war und mir Momente extremer Erfüllung beschert hat.*

*Meinem Vater, **Nestor de Jesus Nogueira**, für seine Liebe und die Möglichkeiten, die er mir gegeben hat.*

*Meinem Ehemann **Odair** für seine Zuneigung und Unterstützung nicht nur während dieser zwei Jahre, sondern auch für all die Zeiten, in denen ich sein Verständnis und seine ermutigenden Worte während der Arbeit an diesem Projekt brauchte.*

*Meinen lieben Kindern **Matheus und Indira**, die mich inspirieren und mir Kraft geben, die Schwierigkeiten des Lebens zu meistern.*

*An alle meine **Brüder**, die gemeinsam das Leben leichter machen.*

An

*meine **Schwager und Schwiegereltern**, die zur Freude unserer Familie beitragen.*

DANKESCHÖN

Auf **Gott***, für alles.*

Prof. Dr. **Odair dos Santos Monteiro** *für seine unschätzbare Hilfe und seine stets zuverlässige Mitbetreuung bei der Vorbereitung dieser Arbeit.*

ᵢ*Prof. Dr.* **Victor Elias Mouchrek Filho** *für die Leitung dieser Arbeit, für seine Hilfe und für seine Freundschaft über die Jahre hinweg.*

Prof. Dr. **Livio Martins Costa Junior** *für seine Hilfe bei der Vorbereitung dieser Arbeit, für seine fundierte Beratung und für seine Freundschaft.*

Jéssica, *für ihre kompromisslose Zusammenarbeit und Freundschaft.*

Aldilene*, für ihre wertvolle Hilfe bei der Vorbereitung dieser Arbeit und für ihre Freundschaft und Geduld.*

Karla Maiaquias *für ihre Hilfe und Mitarbeit bei der Durchführung dieser Arbeit.*

Meinem Kollegen **Alberto Jorge** *für seine Diskussionen und seine Mitarbeit bei der Durchführung dieser Arbeit.*

Meinen Master-Kollegen, insbesondere meinen Freunden **Gilson, Charles und Mariane***, für ihre Unterstützung, Freundschaft und den Austausch von Informationen.*

Meinen Freundinnen **Sheyia und Luciana***, für ihre Stärke und ihr Vertrauen.*

ᵃ**Dem Natural Products Engineering Laboratory LEPRON / UFPA,** *insbesondere Prof. Dr. José Guilherme Maia und Prof. Dr. Eloisa Andrade, für ihre Hilfe und Zusammenarbeit bei der Durchführung dieser Arbeit.*

CEGEL und CEM Dr. João Bacelar Portela, *für ihre Unterstützung und Anerkennung dieser Arbeit.*

Allen, die direkt oder indirekt zur Verwirklichung dieser Arbeit beigetragen haben, gilt mein aufrichtiger Dank.

"Gib mir die Hoffnung, die Zukunft zu verändern, und du machst mich verrückt"

Zargwill

ZUSAMMENFASSUNG

Die Suche nach natürlichen, biologisch aktiven Substanzen hat die Verwendung von ätherischen Ölen (EO) gefördert. Das ätherische Öl aus den Blättern der *Zimtbaumart Cinnamomum zeylanicum* Blume (Zimt) wird in der pharmazeutischen Industrie weithin verwendet und hat verschiedene biologische Wirkungen, darunter auch eine akarizide Wirkung. Kürzlich hat die Forschung zur Bewertung der Zeckenaktivität mit EO vielversprechende Ergebnisse bei der Bekämpfung der Rinderzecke *Rhipicephalus microplus* gezeigt, wodurch die Verwendung von organosynthetischen Produkten verringert wurde. In diesem Zusammenhang haben wir die chemische Zusammensetzung des EO aus den Blättern dieser Pflanze analysiert und seine zeckenabtötende Wirkung bei der Bekämpfung von *R. microplus* bewertet. Die chemischen Inhaltsstoffe wurden durch Gaschromatographie in Verbindung mit Massenspektrometrie (GC-MS) identifiziert. Zur Ermittlung der karpathischen Aktivität führten wir Larvenpackungstests und Immersionstests an erregten Weibchen durch. Das Öl aus den Blättern zeigte eine gute Ausbeute und es wurden durchschnittlich 36 Verbindungen identifiziert, wobei Benzylbenzoat die Hauptkomponente war. Es wurden auch hohe Gehalte an Linalool, E-Cinnamaldehyd, α-Pinen, **β-Phellandren**, Eugenol und Benzaldehyd festgestellt. Im Larventest zeigte das EO eine zufriedenstellende larvizide Aktivität gegen *R. microplus*. Im Immersionstest für ausgewachsene Zecken wurde festgestellt, dass sowohl das EO als auch der Benzylbenzoat-Standard keine direkte Mortalität bei den verstopften Weibchen verursachten, aber den Fortpflanzungsprozess der Zecken beeinträchtigten, was zeigt, dass das EO dieser Pflanze eine mögliche Alternative zu herkömmlichen synthetischen Produkten darstellt, da es akarizid wirkt und eine teilweise Kontrolle des Parasiten zeigt.

Stichworte: Zimt, Benzylbenzoat, Bekämpfung, Rinderzecken

1 EINFÜHRUNG

Die Bedeutung der Erforschung von Naturprodukten wurde im Laufe der Jahre erkannt, und die Suche nach diesen biologisch aktiven Substanzen hat die Verwendung von ätherischen Ölen gefördert. Häufig kann derselbe Wirkstoff aus verschiedenen Pflanzen extrahiert werden. Die Wahl wird unter Berücksichtigung des Lebenszyklus der Pflanze, der Extraktionsausbeute, der Art der Verbindungen, der Kosten der Pflanze, der Wartungskosten und des Fehlens toxischer Verbindungen getroffen (FIGUEIREDO *et al.*, 2007).

In diesem Zusammenhang stellen ätherische Öle eine brauchbare Alternative in verschiedenen Studien über Stoffe pflanzlichen Ursprungs dar. Sie werden mit verschiedenen Funktionen in Verbindung gebracht, die für das Überleben der Pflanze unerlässlich sind, und spielen somit eine wichtige Rolle bei der Abwehr von pathogenen Mikroorganismen (OLIVEIRA *et al.*, 2006). Gegenwärtig wird neben der Charakterisierung auch die Verwendung der ätherischen Öle ausgeweitet. Diese Öle werden bereits in der chemischen Industrie in den Bereichen Parfümerie, Pharmakologie, Pestizide, Lebensmittel, Getränke, Antiseptika und Stimulanzien verwendet. Aus diesem Grund nimmt die Zahl der Studien über die chemische Zusammensetzung und die biologischen Eigenschaften sowie über die taxonomischen, umweltbedingten und anbautechnischen Faktoren, die zu Schwankungen in der Quantität und Qualität dieser Essenzen führen, zu, wenn auch nur langsam. Brasilien gilt als wichtiger Produzent und Exporteur von ätherischen Ölen und einigen ihrer reinen Bestandteile. Die am häufigsten produzierten Essenzen sind Zitrusfrüchte, Minze, Eukalyptus, Geranie, Citronella, Vetiver, Rosenholz und Nelke (PIMENTEL, 2008).

Die einwandfreie Qualität von Rohstoffen muss auf wissenschaftlicher und technischer Grundlage erfolgen. Wesentliche Parameter für die Qualität von pflanzlichen Rohstoffen können je nach Herkunft des Materials variieren. Daher müssen die geografische Herkunft, die Anbaubedingungen, das Entwicklungsstadium, die Ernte, die Trocknung und die Lagerung bekannt sein (FIGUEIREDO *et al.*, 2007).

Die Forschung zur Bewertung der insektiziden, bakteriziden, fungiziden und neuerdings auch karpathischen Wirkung ätherischer Öle hat interessante Ergebnisse erbracht. Die korrekte botanische Charakterisierung von Pflanzenarten mit pharmakologischer Aktivität und die Untersuchung ihrer chemischen Zusammensetzung mit der Identifizierung, Isolierung und Dosierung ihrer Bestandteile ist jedoch von größter Bedeutung (CUNHA; RIBEIRO; ROQUE, 2007).

Die Verwendung von Aromapflanzen zur Zeckenbekämpfung ist in mehreren Ländern Gegenstand von Forschungsarbeiten. Die Rinderzecke *Rhipicephalus microplus* ist zweifelsohne einer der wichtigsten Parasiten für brasilianische Nutztiere (CAMPOS *et al.*, 2012).

Zur Bekämpfung von *R. microplus* werden verschiedene Forschungsprojekte durchgeführt, z. B. die Entwicklung von Impfstoffen, die Weiderotation, die Kreuzung mit resistenten Rinderrassen, die biologische Bekämpfung mit bestimmten Pilzarten sowie der Einsatz von Homöopathie und Pflanzenextrakten. Die meisten Landwirte verwenden jedoch nur chemische Produkte zur Bekämpfung dieses Ektoparasiten oder haben Zugang zu solchen Produkten. Der ständige Einsatz von synthetischen Pestiziden und die wahllose Entsorgung von Zeckenrückständen haben zu einer zunehmenden Resistenz der Zecken gegen die verwendeten Pestizide, zu Vergiftungen von Tieren und Anwendern, zu Zeckenrückständen in tierischen Erzeugnissen und zur Kontamination von Boden und Wasser geführt. In diesem Zusammenhang besteht ein dringender Bedarf an einer Alternative zu den derzeit verwendeten organisch-synthetischen Produkten (CAMPOS *et al.*, 2012).

Auf diese Weise kann die Verwendung von ätherischen Ölen aus aromatischen Pflanzen zur Bekämpfung von *R. microplus* die durch diesen Ektoparasiten verursachten Probleme lindern und so die Verwendung von für Tiere, Menschen und die Umwelt toxischen organischen Produkten reduzieren. Darüber hinaus könnten ätherische Öle als Molekülquelle für die Synthese neuer Carrapaticide dienen und so die Abhängigkeit der Viehzüchter von den auf dem Markt befindlichen organisch-synthetischen Produkten verringern (CAMPOS *et al.*, 2012). In diesem Zusammenhang soll die zeckenabtötende Wirkung des ätherischen Öls der Art *Cinnamomum zeylanicum* Blume untersucht werden.

Die *Zimtpflanze* (*Cinnamomum zeylanicum* Blume*)* stammt ursprünglich aus Sri Lanka (früher Ceylon), dem Hauptproduzenten und -exporteur, gefolgt von den Seychellen, Madagaskar und Indien (LIMA *et al.*, 2005). Mit ihrem milden Geruch und ihrem süßen, leicht würzigen Geschmack wird sie in Form von Rinde und Pulver häufig als Gewürz in der Küche verwendet. Das ätherische Öl kann sowohl aus der Rinde als auch aus den Blättern durch Wasserdampfdestillation gewonnen werden. Das ätherische Öl aus der Zimtrinde ist reich an Zimtaldehyd, während das aus den Blättern eine andere Zusammensetzung aufweist und eine Quelle für Eugenol ist. Die aus der Rinde und den Blättern gewonnenen ätherischen Öle sind Rohstoffe, die in der Lebensmittel- und Getränkeindustrie sowie in der Parfümerie- und Pharmaindustrie weit verbreitet sind (KOKETSU *et al.*, 1997).

Die wichtigsten ätherischen Öle der Gattung *Cinnamomum* auf dem Weltmarkt sind die aus *C. verum* ("*Cinnamomum-Rindenöl*" und "Cinnamomum-Blattöl"), *C. cassia* ("Cassiaöl") und *C. camphora* ("Sassafrasöl" und "Ho-Blattöl") gewonnenen Öle. *Cinnamomum zeylanicum* Blume (*Cinnamomum verum* J. S. Presl.), bekannt als "Zimt-Indien" und "Zimt-Ceilao" (LIMA, 2005).

Brasilien importiert regelmäßig beträchtliche Mengen sowohl der Rinde als auch des ätherischen Öls aus verschiedenen Ländern, da dieses Gewürz in dem Land nicht kommerziell angebaut wird. Die Klima- und Bodenbedingungen beeinflussen die Zimtpflanze stark, so dass dieselbe Art oder Sorte, die in einem anderen Land angebaut wird, eine Rinde hervorbringen kann, deren Qualität sich von der in ihrem Ursprungsland Sri Lanka gewonnenen Rinde stark unterscheidet (RIBEIRO, 2007).

Zu diesem Zweck sollten in dieser Studie die chemische Zusammensetzung und einige der physikalisch-chemischen Eigenschaften des ätherischen Öls aus den Blättern von *C. zeylanicum* (Zimt) charakterisiert und seine krapathische Wirkung gegen *R. microplus* (Rinderzecke) bewertet werden.

2. ZIELE

2.1 Allgemeines Ziel

Charakterisierung der chemischen Zusammensetzung des ätherischen Öls der Blätter *von Cinnamomum zeylanicum* Blume (Zimt) und Bewertung seiner krapathischen Wirkung gegen die Rinderzecke *Rhipicephalus microplus*.

2.2 Spezifische Ziele

- Physikalisch-chemische Charakterisierung des ätherischen Öls von *C. zeylanicum* Blume;

- Identifizierung und Quantifizierung der im ätherischen Öl vorhandenen Verbindungen durch Gaschromatographie gekoppelt mit Massenspektrometrie (GC-MS);

- Bewertung der krapathischen Wirksamkeit des ätherischen Öls und des Benzylbenzoat-Standards gegen *Rhipicephalus microplus* (Rinderzecke);

- Bestimmung der 50%igen tödlichen Konzentration (LC_{50}) zur Diagnose der Resistenz *von R. microplus* gegen ätherisches Öl in Larvenempfindlichkeits- und Immersionstests an geschwängerten Weibchen.

3. THEORETISCHE GRUNDLAGE

3.1 Allgemeine Aspekte der Familie Lauraceae, der Gattung *Cinnamomum* und der Art *Cinnamomum zeylanicum* Blume (Zimt)

Die Familie der Lorbeergewächse (Lauraceae) ist in den tropischen und subtropischen Regionen der Erde weit verbreitet und umfasst 49 Gattungen und 2.500 bis 3.000 Arten (WERFF und RICHTER, 1996). Sie hebt sich von den anderen Familien durch ihre wirtschaftliche Bedeutung ab. Einige Arten werden von der Industrie zur Herstellung verschiedener Produkte verwendet, aber die meisten Arten sind auf traditionelle Gemeinschaften beschränkt, die über empirisches Wissen über die Verwendung dieser Pflanzen verfügen.

Die Gattung *Cinnamomum* (Lauraceae) umfasst rund 250 Arten, die sich durch kleine bis mittelgroße Sträucher und Bäume auszeichnen. Die Arten sind in tropischen Wäldern beheimatet, wo sie im Gebirge und in der Ebene auf gut durchlässigen Böden wachsen (JANTAM *et al.*, 2003; JANTAM *et al.*, 2008).

Cinnamomum zeylanicum Blume (syn. *Cinnamomum verum* Presl) ist ein immergrüner Baum, der bis zu 9 m hoch wird. Der Stamm hat einen Durchmesser von etwa 35 cm (Abbildung 1). Die Blätter sind ledrig, lanzettlich, an der Basis gerippt, auf der Oberseite glänzend und glatt und auf der Unterseite hellgrün und fein netzartig. Die Blüten sind gelb oder grünlich, zahlreich und sehr klein, in verzweigten Büscheln gruppiert (BALMÉ, 1978; SCHIPER, 1999). Seine Rinde und Blätter sind stark aromatisch. Mit ihrem milden Geruch und ihrem süßen, leicht würzigen Geschmack wird sie in Form von Rindenpulver häufig als Aromastoff in der Küche und in der Parfümerie verwendet.

In der Volksmedizin hat diese Pflanze verschiedene Funktionen gegen verschiedene Krankheiten, und das ätherische Öl, das in den sekretorischen Zellen der Blätter und des Stängels gespeichert wird, ist eines der Hauptprodukte, die für ihre pharmakologischen Aktivitäten verantwortlich sind (MARQUES, 2001). Zimt und sein ätherisches Öl werden als Geruchs- und Geschmacksverbesserer bei der Herstellung einiger Arzneimittel verwendet (LIMA *et al.*, 2005).

Abbildung 1. *Cinnamomum zeylanicum* (Zimtbaum)

Quelle: Autor, 2012

Der oberirdische Teil der Pflanze wird praktisch als Ganzes verwendet. Die Blätter werden zur Gewinnung von ätherischen Ölen verwendet, aber der wertvollste Teil ist die Rinde der Zweige. Zimt ist in Pulverform und als aufgerollte Rinde mit einer Länge von etwa 20 bis 25 cm im Handel erhältlich (MORSBACH, 1997).

Brasilien importiert erhebliche Mengen an Zimtrinde und ätherischem Öl, da dieses Gewürz im Land nicht kommerziell angebaut wird. Der Anbau von Zimt unter verschiedenen Umweltbedingungen hat tiefgreifende Auswirkungen auf die Pflanze, so dass sich dieselbe Art oder Sorte, die in einem anderen Land angebaut wird, von der in ihrem Ursprungsland gewonnenen unterscheiden kann, was zu unterschiedlichen Konzentrationen der wichtigsten Inhaltsstoffe führt. Bei Zimt variiert die chemische Zusammensetzung zwischen den verschiedenen Teilen der Pflanze erheblich. Im Allgemeinen ist die Rinde reich an Zimtaldehyd und das Blatt an Eugenol (KOKETSU *et al.*, 1997).

Die chemische Zusammensetzung des ätherischen Öls von *C. zeylanicum* umfasst unter anderem folgende Stoffe: Zimtsäure, Benzolaldehyd, Zimtaldehyd, Cumarin-Aldehyd, Benzylbenzonat, Cymen, Cineol, Elegen, Eugenol, Felandren, Furol, Linalool, Methylaceton, Pinen und Vanillin. *C. zeylanicum* hat eine Reihe von medizinischen Eigenschaften, wie: adstringierend, aphrodisierend, antiseptisch, karminativ, verdauungsfördernd, stimulierend, blutdrucksenkend, beruhigend, tonisierend und gefäßerweiternd (BALMÉ, 1978; SCHIPER, 1999).

3.2 Ätherische Öle

Ätherische Öle sind nach der Definition der ANVISA (Brasilien, 1999) flüchtige Produkte pflanzlichen Ursprungs, die durch ein physikalisches Verfahren gewonnen werden und einzeln oder gemischt, deterpenisiert oder konzentriert vorliegen können. Sie kommen in allen Pflanzenstrukturen vor, am häufigsten in Blättern, Blüten und Früchten und seltener in Wurzeln, Rhizomen, Holz, Rinde oder Samen. Sie kommen in verschiedenen Gattungen höherer und niederer Pflanzen sowie in Mikroorganismen vor und bilden ein komplexes Gemisch von Substanzen mit heterogenen chemischen Strukturen (BRENNA *et al.*, 2003).

Ätherische Öle stammen aus dem Sekundärstoffwechsel von aromatischen Pflanzen. Sie bestehen aus niedermolekularen Stoffen, hauptsächlich aus Gemischen von Phenylpropanoiden und Terpenoiden, insbesondere Monoterpenen (C_{10}) und Sesquiterpenen (C_{15}), wobei auch Diterpene (C_{20}) vorkommen können. Darüber hinaus wurden in den ätherischen Ölen verschiedene aliphatische Kohlenwasserstoffe (linear, verzweigt, gesättigt oder ungesättigt), Säuren, Alkohole, Aldehyde, acyclische Ester oder Lactone sowie Stickstoff- und Schwefelverbindungen nachgewiesen (BELL und CHARLWOOD, 1980). Diese sauerstoffhaltigen Derivate sind im Allgemeinen für das charakteristische Aroma eines ätherischen Öls verantwortlich und werden als Terpenoide bezeichnet (Abbildung 2) (SERAFINI *et al.*, 2002). Diese Verbindungen können in unterschiedlichen Konzentrationen vorhanden sein, von denen eine die Mehrheit darstellt, die im Allgemeinen die biologischen Eigenschaften bestimmt (SANTURIO, 2007; BARBOSA, 2010).

Abbildung 2: Bildung von Terpenoiden im Sekundärstoffwechsel von Pflanzen (TORRES, 2010).

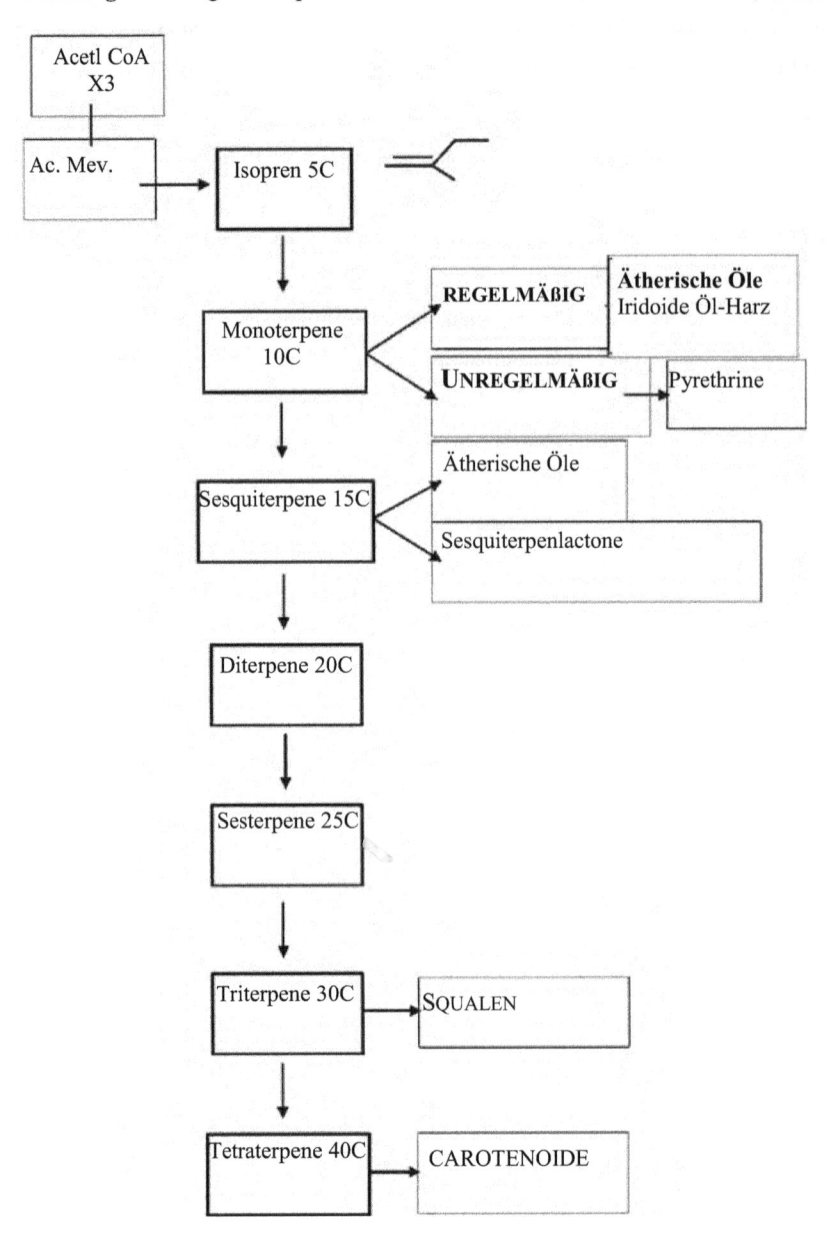

```
┌──────────┐
│ Acetl CoA│
│   X3     │
└────┬─────┘
     │
┌─────────┐      ┌───────────┐
│Ac. Mev. │─────▶│ Isopren 5C│──▶ ╱═╲
└─────────┘      └─────┬─────┘
                       │
                       ▼
                 ┌───────────┐         ┌──────────────┐  Ätherische Öle
                 │Monoterpene│────────▶│ REGELMÄßIG   │  Iridoide Öl-Harz
                 │   10C     │─┐       └──────────────┘
                 └─────┬─────┘ │       ┌──────────────┐  ┌──────────┐
                       │       └──────▶│ UNREGELMÄßIG │─▶│Pyrethrine│
                       │               └──────────────┘  └──────────┘
                       ▼
                 ┌─────────────┐─────▶ Ätherische Öle
                 │Sesquiterpene│
                 │    15C      │─────▶ Sesquiterpenlactone
                 └──────┬──────┘
                        │
                        ▼
                  ┌───────────┐
                  │Diterpene  │
                  │   20C     │
                  └─────┬─────┘
                        │
                        ▼
                  ┌───────────┐
                  │Sesterpene │
                  │   25C     │
                  └─────┬─────┘
                        │
                        ▼
                  ┌───────────┐      ┌──────────┐
                  │Triterpene │─────▶│ SQUALEN  │
                  │   30C     │      └──────────┘
                  └─────┬─────┘
                        │
                        ▼
                  ┌────────────┐     ┌────────────┐
                  │Tetraterpene│────▶│ CAROTENOIDE│
                  │   40C      │     └────────────┘
                  └────────────┘
```

Im Allgemeinen bestimmen die Hauptbestandteile die biologischen Eigenschaften des ätherischen Öls (PICHERSKY *et al.*, 2006). Nach Mendes *et al.* (2010) können die Hauptbestandteile, die in größeren Mengen in ätherischen Ölen isoliert sind, deren biophysikalische und biologische

Eigenschaften widerspiegeln, aber in den meisten Fällen hängt das Ausmaß der Wirkungen der ätherischen Öle von der Konzentration der Hauptbestandteile ab, die durch andere Bestandteile von geringerer Bedeutung moduliert werden, d. h. von den Bestandteilen, die in Synergie wirken. Bei ein und derselben Pflanzenart variieren die Anzahl der Bestandteile, ihre relativen Mengen und die Ausbeute an ätherischen Ölen beträchtlich, was auf die Methode der Extraktion des ätherischen Öls sowie auf Unterschiede in Bezug auf Klima, Standort und agronomische Faktoren wie Düngung, Bewässerung, Ernte und insbesondere das Entwicklungsstadium der Pflanze zum Zeitpunkt der Ernte zurückzuführen ist (BAKKALI et al., 2008).

Ätherische Öle werden durch verschiedene Verfahren gewonnen, je nach ihrer Lage in der Pflanze, der Menge und den für das Endprodukt erforderlichen Eigenschaften. Die gebräuchlichsten Verfahren zur Gewinnung ätherischer Öle sind: Hydrodestillation, Pressung oder Expression, Blooming, Extraktion mit organischen Lösungsmitteln, Extraktion mit überkritischer Flüssigkeit, Dampfschleppungsdestillation und Mikrowellendestillation. Die am häufigsten verwendete Methode ist die Hydrodestillation (BAKKALI et al., 2008).

Flüchtige Öle haben einen höheren Dampfdruck als Wasser und werden daher vom Wasserdampf fortgetragen. In kleinem Maßstab wird der Clevenger-Apparat für die Öl-Wasser-Trennung verwendet. Nach der Abtrennung des ätherischen Öls vom Wasser muss es z. B. mit wasserfreiem Natriumsulfat getrocknet werden. Dieses Verfahren ist zwar klassisch, kann aber je nach Temperatur zu einer thermischen Zersetzung führen (SANTOS, 2000).

Die Pressmethode ist ein weit verbreitetes Verfahren zur Gewinnung von Zitrusölen und wird in der Orangensaft verarbeitenden Industrie häufig eingesetzt. Es können auch Extraktionsverfahren mit organischen Lösungsmitteln angewandt werden, die jedoch mit einer Reihe von Einschränkungen verbunden sind, da sie nicht selektiv sind und Bedenken hinsichtlich der Rückstände des verwendeten Lösungsmittels bestehen. Eine weitere wichtige technologische Innovation ist die Extraktion mit Kohlendioxid in einem superkritischen Medium. Diese Technik ist sehr selektiv, wenn die Versuchsbedingungen des Prozesses im Voraus festgelegt werden, und es handelt sich um eine absolut saubere Technologie, die keine Rückstände in der Probe hinterlässt und nicht bei hohen Temperaturen arbeitet, was das Risiko einer thermischen Zersetzung der Probe verringert (TORRES, 2010). Der große Vorteil der Mikrowellendestillationsmethode ist die Zeit, die für die Extraktion der ätherischen Öle benötigt wird, die etwa 10 % der Zeit beträgt, die für eine herkömmliche Destillation benötigt wird.

Die meisten kommerziellen ätherischen Öle werden mittels Gaschromatographie und Massenspektrometrie analysiert (BAKKALI et al., 2008). Jeder Bestandteil wird durch den Vergleich seines Massenspektrums mit Spektren, die in der Datenbank des Geräts ausgewertet wurden, mit

Spektren aus der Literatur und durch den Vergleich der berechneten Retentionsindizes mit denen aus der Literatur identifiziert (ADAMS, 2007).

Was die Qualitätskontrolle betrifft, so gibt es bei ätherischen Ölen immer wieder Qualitätsprobleme, die auf die Variabilität ihrer chemischen Zusammensetzung, auf Verfälschungen oder Verfälschungen oder sogar auf eine falsche Identifizierung des Produkts und seiner Herkunft zurückzuführen sind (SIMÔES, 2007).

Corazza (2002) berichtet, dass ätherische Öle im Allgemeinen eine geringere Dichte als Wasser, einen hohen Brechungsindex und eine Empfindlichkeit gegenüber Licht und Luft aufweisen. Ihre Farbe kann von völlig farblos bis zu stark goldenen, grünlichen, bernsteinfarbenen oder gelblichen Nuancen variieren.

Ätherische Öle werden derzeit in der pharmazeutischen Industrie sowohl für den menschlichen als auch für den tierärztlichen Gebrauch verwendet. Sie werden auch als Kosmetika und Haushaltsprodukte sowie in der Aromatherapie verwendet. Man schätzt, dass etwa 3.000 ätherische Öle bekannt sind, von denen etwa 300 kommerziell von Bedeutung sind, hauptsächlich für den Duftstoffmarkt (BURT, 2004).

Zu den wichtigsten pharmakologischen Wirkungen, die den ätherischen Ölen bereits zugeschrieben werden, gehören: antimikrobielle, entzündungshemmende, antioxidative, anticholinesterase-, helminthen- und parasitenhemmende, analgetische, sedierende und tumorhemmende Wirkungen und vieles mehr. Sie werden derzeit auch von der pharmazeutischen Industrie als Permeationsförderer für die transdermale Verabreichung von Medikamenten eingesetzt (YUNES und FILHO, 2009).

3.3 Ätherische Öle der Gattung *Cinnamomum*

Die Zusammensetzung der ätherischen Öle von Zimt kann sehr unterschiedlich sein. Frühere Arbeiten über *Cinnamomum zeylanicum-Öl* haben eine große Vielfalt der chemischen Zusammensetzung gezeigt, wobei mindestens fünf Chemotypen berichtet wurden: Eugenol (THOMAS *et al.*, 1987; SENANAYAKE, 1978), (E)-Cinnamaldehyd (VARIVAR und BANDYOPADHYAY, 1989; SENANAYAKE, 1978; BERNARD *et al.*, (1989); MOLLENBECK *et al.*, (1997), Methylbenzoat (RAO *et al.*, 1988), Linaloi (JIROVETZ *et al.*, (2001) und Kampfer (SENANAYAKE, 1978).

Nath *et al.* (1996) berichteten über eine Sorte von *Cinnamomum verum*, die im Brahmaputra-Tal, Indien, angebaut wird und Benzylbenzoat als Hauptbestandteil im Blattöl (65,4 %) und im Rindenöl (84,7 %) enthält, während der Gehalt an Eugenol und Zimtaldehyd 1 % nicht erreicht. Das Vorhandensein von Benzylbenzoat in Zimt wurde erstmals von der Gruppe Wijesekera (1974) beschrieben, und ein wahrscheinlicher Mechanismus für seine Bildung in der Pflanze wurde später von Wijesekera (1978) vorgeschlagen.

Morsbach *et al.* (1997) arbeiteten mit ätherischen Ölen aus der Rinde und den Blättern des Ceylon-Zimts (*Cinnamomum verum* Presl, syn. *Cinnamomum zeylanicum* Blume). Die Rinde und Blätter stammten von 12 Bäumen, die nur mit organischem Material (OM) oder in Kombination mit chemischem Dünger (C) gedüngt worden waren. Der durchschnittliche Gehalt an ätherischem Öl betrug 0,2 % in der Rinde und 2,0 % in den Blättern. Der Gehalt an Zimtaldehyd in den ätherischen Ölen der Rinde betrug 54,7% (MO) und 58,4% (C). Die ätherischen Öle aus den Blättern enthielten 94,1% (5 Bäume - MO) und 95,1% (5 Bäume - C) Eugenol. Die Zusammensetzung der ätherischen Öle aus den Blättern von zwei verschiedenen Bäumen, einer aus jeder Behandlungsart, unterschied sich jedoch von den meisten untersuchten Bäumen und wies 58,7 % (MO) und 55,1 % (C) Eugenol mit einem hohen Safrolgehalt (29,6 % bzw. 39,5 %) auf. Es wurden keine Unterschiede in der Zusammensetzung oder im Gehalt der Komponenten in Abhängigkeit von der Art des Düngemittels festgestellt.

In den ätherischen Ölen von *C. zeylanicum* aus drei Exemplaren, die in der Gemeinde Belèm im Bundesstaat Parà gesammelt wurden, überwiegen in den Blättern (E)-Cinnamylacetat, Eugenol und Hydrocinnamylacetat; in den Zweigölen überwiegen Benzylbenzoat und (E)-Cinnamaldehyd. Im Blütenöl überwiegt das (E)-Cinnamylacetat (MAIA *et al.*, 2007). Das in der Gemeinde Paço do Lumiar im Bundesstaat Maranhao gewonnene Öl enthielt Eugenol als Hauptbestandteil (87,37 %) (DIAS, 2009).

Das Öl von *C. zeylanicum Öl* zeigte antibakterielle Aktivitäten gegen *Escherichia coli*, *Staphylococcus aureus*, *Serratia odorifera* (DIAS, 2009), antimykotisch gegen *Candida albicans* (CASTRO, 2010), akarizid gegen *Tyrophagus putrescentiae* und *Suidasia pontifica* (ASSIS, 2010) und molluskizid gegen *Biomphalaria glabrata* (REIS, 2012), während sein ethanolischer Extrakt eine natürliche antioxidative Wirkung gezeigt hat und in der Lebensmittel-, Pharma- und Kosmetikindustrie verwendet werden kann (DIAS, 2009).

3.3 *Rhipicephalus microplus*

Die Rinderzecke *Rhipicephalus microplus* (Abbildung 3) ist die einzige Art der *Untergattung Boophilus*, die in Brasilien vorkommt. Es handelt sich um Zecken aus der Familie der Ixodidae, auch bekannt als die Familie der harten Zecken. Sie gehören zur Ordnung Parasitiformes der Klasse Arachnida und zur Unterordnung Metastigmata oder Ixodides. Der Lebenszyklus dieser Zecken besteht aus: Ei, Larve, Nymphe und Erwachsener (FLETCHMAN, 1990).

Figura 3. Bild einer männlichen *Rhipicephalus microplus-Zecke* (A) und eines vollgesogenen Weibchens, das sich noch im Fell des Wirtes befindet (B) (SEQUEIRA und AMARANTE, 2002).

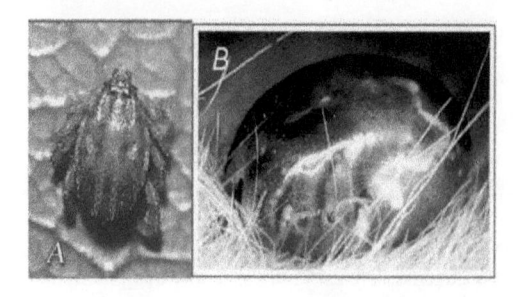

Es wird vermutet, dass *R. microplus* durch die Einfuhr asiatischer Rinder in die meisten tropischen und subtropischen Länder eingeführt wurde. In der neotropischen Region ist diese Art derzeit von Nordargentinien bis Mexiko, einschließlich der karibischen Inseln und der Antillen, verbreitet (PEREIRA und LABRUNA, 2008).

Die Rinderzecke ist monoxenisch, d. h. sie braucht nur einen Wirt, um ihren Lebenszyklus zu vollenden, der sich in eine parasitäre und eine nichtparasitäre Phase unterteilen lässt (FURLONG, 2005). Die parasitäre Phase beginnt mit der Anheftung der Larven an den empfänglichen Wirt und endet, wenn die erwachsenen Tiere, einschließlich der befruchteten und geschlechtsreifen Weibchen, vom Wirt abfallen. Die nicht-parasitäre Phase beginnt mit dem teleogynen (verstopften) Weibchen, nachdem es sich vom Wirt gelöst hat und zur Eiablage auf den Boden fällt. Diese Phase endet, wenn die Larven aus den Eiern schlüpfen und den anfälligen Wirt erreichen (PEREIRA, 1982; PEREIRA *et al.*, 2008), wie in Abbildung 4 dargestellt.

Figura 4. Vereinfachte Darstellung des Lebenszyklus der *Rhipicephalus microplus*-Zecke.

Parasitäre Phase: (1) infektiöse Larve, die sich in Rindern niederlässt; (2) Nymphe; (3) Teleogyn im Endstadium der Verschlingung. **Freilebende Phase:** (4) Teleogyne kurz nach der Häutung, Ablage im Boden; (5) Eier im Boden, Inkubation; (6) Larve im Boden (ANDREOTTI, 2002).

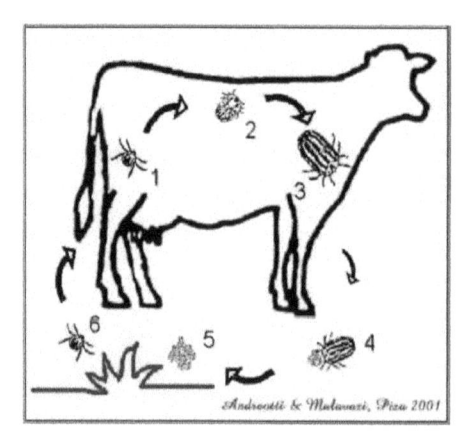

Das Weibchen kann 2.000 bis 4.000 Eier legen. Die frisch geschlüpften Larven brauchen drei bis vier Tage, um ihre Mundwerkzeuge auszubilden, und suchen dann die Häute der Wirtstiere auf und heften sich daran an. Sie sind normalerweise sehr lebhaft und klettern schnell an den Blättern und Stängeln der Weide hoch und warten darauf, dass ein Wirt vorbeikommt, damit sie sich dort festsetzen können, vorzugsweise dort, wo die Haut dünner ist, wie in den Achselhöhlen, zwischen den Beinen, im Genitalbereich und unter dem Schwanz. Der Zyklus beginnt und endet fast immer auf der Weide, wo der Ektoparasit, der Wirt und die Umwelt normalerweise interagieren (PEREIRA, 1982; PEREIRA et al., 2008).

Die Rinderzecke, R. microplus, verursacht wirtschaftliche Schäden in der brasilianischen Viehzucht, die zu Verlusten bei der Milch- und Fleischproduktion und zu Schäden an der Haut führen, die durch Entzündungsreaktionen an den Anheftungsstellen der Zecke und die Übertragung von Krankheiten wie der parasitären Rinderkrankheit (verursacht durch Protozoen der Gattung *Babesia* und Bakterien der Gattung *Anaplasma* (GRISI et al.; 2002).

Der Parasitismus durch die R. microplus-Zecke ist in tropischen und subtropischen Ländern mit einem erheblichen Rückgang der Produktivität der Herden verbunden. Die konventionelle Bekämpfung dieses Ektoparasiten hat sich als langfristige Bekämpfungsstrategie als unwirksam erwiesen, und es gibt immer wieder Berichte über Zeckenpopulationen, die gegen handelsübliche Formulierungen resistent sind (BIEGELMEYER et al., 2012). Unter den Ektoparasiten der Rinder ist der Befall *mit R. microplus* nach wie vor eine der Hauptursachen für wirtschaftliche Verluste in der brasilianischen Rinderhaltung (GRAF et al., 2004; RECK JÙNIOR et al., 2009).

3.5 Karrapathische Aktivität von Naturprodukten und Verwendung von ätherischen Ölen zur Bekämpfung von *Rhipicephalus microplus*

Die Entwicklung chemischer Akarizide reicht weit zurück, bis etwa 1949, als die Arsenakarizide auf den Markt kamen. Diese wurden durch Phosphorverbindungen, Amidine und in jüngerer Zeit durch Pyrethroide und Chemotherapeutika mit insektizider Wirkung ersetzt (FURLONG, 2005). Der wahllose Einsatz dieser Akarizide führt zu Problemen wie der Entwicklung von Resistenzen der Zecken gegen chemische Akarizide, was die Suche nach neuen Produkten für diesen Zweck begünstigt.

Der Parasitizidmarkt in Brasilien hat einen Wert von rund 960 Millionen US-Dollar pro Jahr und macht 34 % des Marktes für Veterinärprodukte aus (SINDAN, 2010). Um zugelassen zu werden, müssen neue Produkte zur Zeckenbekämpfung nach den Kriterien des Ministeriums für Landwirtschaft und Versorgung (MAPA) mindestens 95 % wirksam sein.

In Brasilien ist die Zeckenresistenz gegen Akarizide weit verbreitet (OLIVEIRA et al., 2000;

MENDES et al., 2001; MENDES, 2005). In den wichtigsten fleisch- und milcherzeugenden Bundesstaaten des Landes wurde über Resistenzen gegen verschiedene Mittel berichtet, was die Situation alarmierend macht (GRAF et al., 2004). Aus mehreren brasilianischen Bundesstaaten wie dem Federal District, Goiás, Minas Gerais und Rio Grande do Sul wurden bereits Fälle von Resistenz gegen Carrapaticide gemeldet (SILVA et al., 2000; FARIAS, 1999; FURLONG, 1999; MOLENTO und DIAS, 2000; MARTINS und FURLONG, 2001).

Die Notwendigkeit, den Einsatz synthetischer Akarizide zu reduzieren, da diese nicht mehr so wirksam sind, sowie die Notwendigkeit, neue Produkte zu entwickeln, die die Zeckenpopulation kontrollieren und weniger umweltschädlich sind, machen natürliche Produkte zu einer sehr wertvollen Alternative. Diese Aussage entspricht dem gesunden Menschenverstand, vor allem aufgrund der Tatsache, dass es eine große Anzahl von Pflanzen und deren Derivaten mit pharmakologischen Wirkungen gibt, einschließlich der für die Zeckenbekämpfung gewünschten akariziden Wirkungen. Hinzu kommt das Risiko einer Vergiftung und einer erhöhten Anfälligkeit für andere Krankheiten, wenn das Vieh mit chemischen Zeckenmitteln gebadet wird. Um diese Prozedur durchzuführen, werden die Tiere körperlich stark belastet, was zu Problemen bei der Fleischproduktion führt (CLARK, 1982).

Die Verwendung von Heil- und Aromapflanzen zur Zeckenbekämpfung ist in mehreren Ländern Gegenstand der Forschung. Die ätherischen Öle dieser Pflanzen haben eine therapeutische, bakterizide, fungizide und insektizide Wirkung, und seit kurzem wird auch ihre Aktivität gegen Zecken getestet. Manchmal wird die krapathische Wirkung den Bestandteilen zugeschrieben, die in größeren Mengen im ätherischen Öl isoliert sind und die Hauptbestandteile darstellen. Es ist jedoch möglich, dass die Aktivität des Hauptbestandteils durch andere Verbindungen, die in geringeren Mengen vorhanden sind, moduliert wird (CAMPOS et al., 2012).

Die Verwendung von Bio-Pestiziden, die aus dem Sekundärstoffwechsel von Pflanzen stammen, hat zahlreiche Vorteile gegenüber der Verwendung von organosynthetischen Produkten. Dazu gehören: sie werden aus erneuerbaren Ressourcen gewonnen, sie sind schnell abbaubar, die Entwicklung einer Resistenz gegen diese aus einer Kombination mehrerer Wirkstoffe bestehenden Substanzen ist ein langsamer Prozess, sie hinterlassen keine Rückstände in Lebensmitteln und sie sind leicht zugänglich und erhältlich (ROEL, 2001).

Ätherische Öle aus verschiedenen Pflanzenarten wurden ausgiebig getestet, um ihre Eigenschaften als wertvolle natürliche Ressource zur Zeckenbekämpfung zu bewerten. Silva et al. (2009) testeten die Toxizität der Spezies Piper *aduncum* (Piperaceae) aus dem Amazonas-Regenwald auf verstopfte Weibchen und Larven von *R. microplus* und wiesen nach, dass die Mortalität der Larven dieser Spezies auf einen Bestandteil des Blattöls zurückzuführen ist, der aus einem Phenylpropanoid gewonnen wird. Für Cardona *et al.* (2007) ist die Verwendung des ätherischen Öls aus den Blättern von *Sapindus saponaria* (Sapindaceae) ein vielversprechendes Mittel zur Zeckenbekämpfung bei Rindern, da es zur Sterblichkeit der verstopften Weibchen führt und ihre Reproduktionsleistung verringert. Broglio-Micheletti *et al.* (2009) stellten fest, dass das aus den Samen von *Annona muricata* extrahierte Öl in niedrigen Konzentrationen *bei der In-vitro-Kontrolle* von Rinderzecken wirksam war.

Nach Bueno (2005) sollte die Verwendung von Naturprodukten gefördert werden, aber zunächst müssen sie die gleichen Sicherheitsverfahren durchlaufen wie synthetische Produkte.

4. EXPERIMENTELLER TEIL

Diese Forschung wurde im Technologiepavillon der Bundesuniversität von Maranhao (UFMA) in Zusammenarbeit mit dem Labor für Tierparasitologie des Zentrums für Agrar- und Umweltwissenschaften (CCAA) der Bundesuniversität von Maranhao (UFMA), Campos IV Chapadinha - MA und dem Labor für Naturstofftechnik (LEPRON / UFPA) durchgeführt.

4.1 Analytische Geräte und Zubehör

Die angewandte Methodik umfasste die üblichen Tätigkeiten einer analytischen Behandlung von aromatischen Pflanzen sowie *In-vitro-Tests* der karzinogenen Wirkung von ätherischen Ölen.

- **Industrielle Mischer**

Zum Zerkleinern der Probe wurde ein METVISA-Industriemischer, Modell LAR.4, verwendet.

- **Infrarot-Feuchtigkeitsmessgerät**

Mit einem GEHAKA-Infrarot-Feuchtigkeitsmessgerät, Modell IV2500, wurde der Feuchtigkeitsgehalt der Pflanze bestimmt, um den Ertrag zu berechnen.

- **Refraktometer**

Zur Messung des Brechungsindexes wurde ein AABE-Refraktometer, Modell 2 WAJ, verwendet.

- **Thermostatisches Bad**

Ein ultrathermostatisches Bad mit Umwälzpumpe, Modell Q214S, QUIMIS, wurde zur Kühlung der Kondensatoren bei der Destillation von ätherischem Öl durch externe Zirkulation verwendet.

- **Clevenger Abzieher**

Für die Extraktion des ätherischen Öls wurden Clevenger-Glasextraktoren verwendet, die mit 1000-mL-Rundkolben gekoppelt waren, die mit Heizdecken verbunden waren, die als Wärmequelle dienten.

- **Zentrifuge**

Zur Abtrennung des im ätherischen Öl enthaltenen Hydrolats wurde eine Zentrifuge vom Typ FANEM 206 verwendet.

- **Pyknometer**

Zur Bestimmung der Dichte des ätherischen Öls wurde ein 1-mL-Pyknometer verwendet.

- **Gewächshaus**

Ein Eletrolab-Ofen mit Photoperiode, Modell 121FC BOD, wurde für die Durchführung der

Larvenempfindlichkeitstests und des Immersionstests an geschwängerten Weibchen verwendet.

- **Analytische Waage**

Zum Wiegen der Teleogynen wurde eine elektronische Waage Bioprecisa, Modell FA-2104N, verwendet.

- **Vakuumkompressor**

Zur Zählung der lebenden und toten Larven wurde ein Prismatec-Vakuumkompressor, Modell 131b, mit einer Pipette verwendet.

- **Gaschromatograph gekoppelt mit Massenspektrometer (GC-MS)**

Das ätherische Öl wurde mittels Gaschromatographie in Verbindung mit einem Massenspektrometer im Natural Products Engineering Laboratory (**LEPRON / UFPA**) analysiert (Tabelle 1).

Tabelle 1. Für die Analyse des ätherischen Öls verwendetes GC-MS-System

Chromatographisches System	
Instrument	FOCUS (Thermoelektron)
Autoinjektor	AI 3000
Massenspektrometer	
Instrument	DSQ II
Ionisationsquelle	Elektronische Auswirkungen
Software	Xcalibur
Datenbibliotheken	NIST (National Institute of Standards and Technology, Gaithersbury, USA) ADAMS (Allrued Publishing Corporation, Carol Stream, IL, 804 S., 2007)

4.2 Materialien und Reagenzien

- $_{24}$Wasserfreies Natriumsulfat P. A, Na SO , 99%ige Reinheit; MERCK.
- Ethanol, 99% rein; MERCK.
- Triton 2%, SIGMA ALDRICH und MERCK.
- Benzylbenzoat P.A, SIGMA ALDRICH.
- DIGIPET- und EPPENDORF-Pipettierautomaten (2-10 µL, 10-100 µL).

- Reagenzgläser (10x100 mm).
- Braunglas-Ampullen.
- ²2 x 2cm Filterpapier (4cm).
- Petrischalen.

4.3 Experimentelle Methodik

Im Folgenden werden die Versuchsverfahren beschrieben, die zur Durchführung dieser Arbeit verwendet wurden.

4.3.1 Sammeln der Blätter von *Cinnamomum zeylanicum*

Die grünen Blätter dieser Pflanze wurden im März 2012 in der Gemeinde Santa Inês, Maranhao, gesammelt. Ihre Exsikkate wurden durch Vergleich mit einem Exemplar identifiziert, das im Herbarium Joao Murça Pires des Museu Paraense Emilio Goeldi (MPEG) in Belém - PA unter der Registrierungsnummer MG 165477 registriert ist. Die Blätter wurden unter normaler Belüftung getrocknet, dann zerkleinert und in Polyethylenbehältern gelagert.

4.3.2 Extraktion ätherischer Öle und Berechnung der Ausbeute

Das ätherische Öl wurde aus den zuvor getrockneten und zerkleinerten Blättern von *Cinnamomum zeylanicum* extrahiert. Zur Gewinnung des ätherischen Öls wurden 100 g des getrockneten Materials eingewogen. Die Extraktion des Öls erfolgte durch Hydrodestillation in einem kontinuierlichen Prozess über einen Zeitraum von 3,0 Stunden unter Verwendung von modifizierten Glassystemen vom Typ Clevenger, die mit Kühlsystemen gekoppelt waren, bei einer Kondenswassertemperatur von etwa 10 °C (Abbildung 5). Die gewonnenen Öle wurden zentrifugiert und mit wasserfreiem Natriumsulfat getrocknet, in Braunglasampullen unter Ausschluss von Sauerstoff gelagert und bei 5 - 10 °C gekühlt aufbewahrt.

Abbildung 5 - Clevenger-Absaugung in Verbindung mit einem Kühlsystem

Die Ölausbeute wurde berechnet, indem das Volumen des gewonnenen Öls auf die Masse des für die Hydrodestillation verwendeten Pflanzenmaterials auf einer feuchtigkeitsfreien Basis (w.b.w.) bezogen wurde, wobei die Wassermenge von der Masse der Probe abgezogen wurde.

4.3.3 Physikalische Eigenschaften des ätherischen Öls

Zur Charakterisierung der physikalischen Eigenschaften des ätherischen Öls wurden Feuchtigkeit, Dichte, Brechungsindex, Löslichkeit in 90% v/v Ethanol, Farbe und Aussehen bestimmt.

4.3.3.1   Luftfeuchtigkeit (%)

2,0 g der getrockneten Pflanze (Blätter) wurden gewogen und in den Infrarot-Feuchtigkeitsanalysator bei einer Analysetemperatur von 115°C für 30 Minuten bei einer Trocknungsrate von 0,01%/min gegeben.

4.3.3.2   Dichte

Zur Berechnung der Dichte wurde ein 1,0 mL-Pyknometer verwendet, das zuvor getrocknet, gewogen und geeicht wurde und in das die Probe des ätherischen Öls gegeben wurde.

Zur Berechnung der Dichte wurde die folgende Formel verwendet:

$$\text{Densidade (g/mL)} = \frac{M1-M}{1 \text{ mL}}$$

Dabei gilt: M1 - Masse des Pyknometers, das den OECZ enthält.

M - Masse des leeren Pyknometers.

4.3.3.3   Löslichkeit in Ethanol bei (90%)

Zur Bestimmung der Löslichkeit wurde ein 90%iges (v/v) Alkohol-Wasser-Gemisch verwendet, wobei das Volumen des Öls konstant gehalten und immer mehr Alkohol zugegeben wurde, bis das Öl vollständig gelöst war.

4.3.3.4 Brechungsindex

Zur Bestimmung des Brechungsindexes wurde die Ölprobe mit Hilfe von Glaskapillaren direkt in das Flint-Prisma des Refraktometers bei einer Temperatur von 25°C gegeben. Die Ergebnisse wurden für diese Versuchsbedingungen und die Temperatur korrigiert (IAL, 2005).

4.3.3.5 Farbe

Die verwendete Technik ist visuell und vergleicht die Farben der Essenzen mit bekannten Farben.

4.3.3.6 Erscheinungsbild

Die verwendete Technik ist ebenfalls visuell, wobei die Essenzen in Bezug auf ihre Transparenz verglichen werden.

4.4 Analyse der Bestandteile des ätherischen Öls

Für die Probe wurden 0,1 µl Öl in Hexan (10 ng auf der Säule) unter den in Tabelle 2 beschriebenen Bedingungen in das GC-MS-System injiziert.

Tabelle 2. Parameter für die GC-MS-Analyse des ätherischen Öls

Instrument	DSQ II
Säule	DB-5 MS Kieselgel-Kapillarsäule (30m x 0,25 mm x 0,25 µm)
Schleppgase	Helium
Schleppgasströmung	1,2 mL/min
Injektionsverfahren	Splitless (geteilter Durchfluss 20:1)
Ionisierungsenergie EIMS	70 ev
Säulentemperatur	60 bis 240°C (Schwankung von 3°C/min)
Injektortemperatur	250° C
Ionenquellentemperatur MS-Schnittstellentemperatur	200° C
	200° C

Jede Verbindung in den Ionenchromatogrammen wurde durch Vergleich ihres Massenspektrums (Molekularmasse und Fragmentierungsmuster) mit den Spektren in der Systembibliothek (NIST) und in der Literatur (ADAMS, 2007) identifiziert. Die Retentionsindizes (RI) wurden anhand der Gleichung 4.1 bestimmt, die die Retentionszeit einer Reihe homologer Kohlenwasserstoffe in Beziehung setzt. $_{824}$Es wurde eine Kalibrierungskurve mit einer Reihe von n-Alkanen (C -C) erstellt, die unter denselben chromatographischen Bedingungen wie die Probenanalysen injiziert wurden.

AI(x)=100 Pz+100.[(RT(X)- RT (PZ)] / [(RT (Pz+1)-RT(Pz))] Gleichung 4.1

AI: arithmetischer Retentionsindex

Pz: arithmetischer Retentionsindex des Kohlenwasserstoffs vor X RT(x): Retentionszeit der unbekannten Verbindung RT(Pz): Retentionszeit des Kohlenwasserstoffs vor X RT(Pz +1): Retentionszeit des Kohlenwasserstoffs nach X

4.5 *In-vitro-Tests* auf Zeckenaktivität

4.5.1 Künstlicher Befall *von Rhipicephalus microplus* bei Kälbern

Drei vier Monate alte Holstein-Zebu-Kreuzungskälber wurden verwendet, um die *Rhipicephalus microplus-Population* zu erhalten. Diese Verfahren wurden von der Ethikkommission für Tiernutzung und -versuche unter der CEUA/UFMA-Registrierungsnummer 23115018061/2011-01 genehmigt (Abbildung 6). Jedes Kalb wurde vierzehntägig mit 4000 Zeckenlarven befallen, und die verstopften Weibchen wurden 21 Tage nach dem Befall eingesammelt. Während der Befallszeit wurden die Kälber in Hängeboxen mit Wasser und Mineralsalz gehalten und mit Elefantengras und ausgewogenem Futter gefüttert. Diese Versuche wurden im Zentrum für Agrar- und Umweltwissenschaften der Bundesuniversität Maranhao, Campus IV Chapadinha - MA durchgeführt.

Abbildung 6 Künstlicher Befall *von Rhipicephalus microplus* bei Kälbern

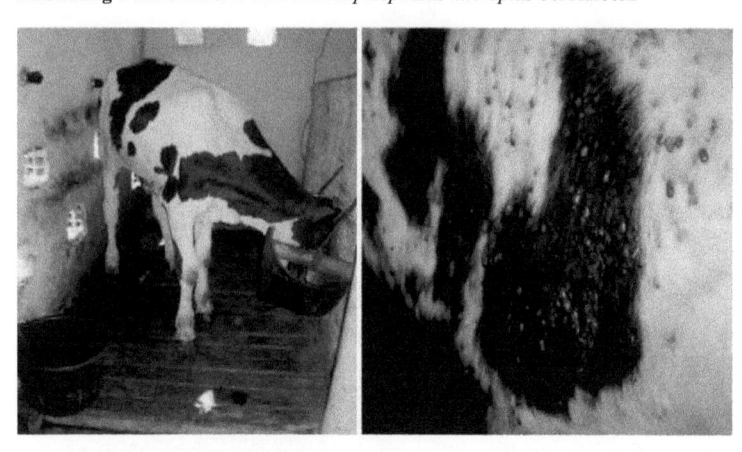

4.5.2 Test auf Larvenempfindlichkeit

Der Larvenempfindlichkeitstest wurde nach der von Stone und Haydock (1962) entwickelten und von der FAO (1984) und Leite (1988) angepassten Technik durchgeführt. Es wurden ca. 100 Zeckenlarven im Alter von 14 bis 21 Tagen verwendet. [2]Diese wurden zwischen zwei 2 x 2 cm (4 cm) großen Filterpapieren platziert, die mit 400 µl jeder Konzentration des ätherischen Öls und des

Benzylbenzoat-Standards (Sigma-Aldrich) imprägniert waren, die ein "Sandwich" bildeten. Dieses Sandwich wurde in einen 7,5 x 7,5 cm großen Umschlag aus nicht imprägniertem Filterpapier gelegt und mit Plastiknägeln verschlossen, wie es die Methodik vorsieht. Die Umschläge wurden für 24 Stunden in einen BSB-Ofen mit einer Temperatur von 27 ± 1 °C und einer relativen Luftfeuchtigkeit von ≥ 80 % gelegt. Nach dieser Zeit wurden die lebenden und toten Larven mit einem Vakuumkompressor und einer Pipette gezählt. Für jede Behandlung wurden vier Wiederholungen verwendet, und die Kontrollen wurden mit dem für die Herstellung des ätherischen Öls verwendeten Verdünnungsmittel (Triton 2%) durchgeführt. Es wurden Konzentrationen von 50, 25, 10, 5 und 1 mg.mL^{-1} des ätherischen Öls und der Standard Benzylbenzoat getestet. Die Ergebnisse des Larvenempfindlichkeitstests wurden nach der Formel von Abbott (Abbott, 1925) korrigiert.

Die letalen Konzentrationen (LC_{50}) und das Konfidenzintervall wurden für das ätherische Öl mithilfe der Software GraphPad Prism 5.0 berechnet.

4.5.3 Immersionstest für verstopfte Frauen

Der Immersionstest an *Rhipicephalus microplus*-Weibchen wurde nach der von Drummond *et al.* (1973) entwickelten Technik durchgeführt. Die von den künstlich befallenen Kälbern gesammelten Teleoginen (empfindlicher Stamm) wurden unter fließendem Wasser gewaschen, auf Papiertüchern getrocknet und in Gruppen von 10 Exemplaren gewogen, wobei man sich bemühte, die Gewichte der Gruppen so homogen wie möglich zu gestalten.

Jede Zeckengruppe wurde 5 Minuten lang in 5 ml der verschiedenen Konzentrationen von ätherischem Öl und Benzylbenzoat-Standard (Sigma-Aldrich), 75, 50, 25, 10 und 5 mg.mL^{-1}, eingetaucht. Als Kontrolle diente das für die Zubereitung des ätherischen Öls verwendete Verdünnungsmittel (Triton 2%). Nach dieser Zeit wurden die befruchteten Weibchen auf Papiertüchern getrocknet, in Petrischalen gelegt und für 23 Tage in einen BSB-Ofen mit einer Temperatur von 27 ± 1 °C und einer relativen Luftfeuchtigkeit von ≥ 80 % gebracht, wo die Eier entnommen, gewogen und in für diesen Zweck modifizierte Einwegspritzen gefüllt wurden. Die Spritzen wurden für weitere 25 Tage bei 27 ± 1 °C und einer relativen Luftfeuchtigkeit von ≥ 80 % in einen BSB-Ofen gelegt, damit die Larven schlüpfen konnten. Nach dem Schlupf wurden die Larven visuell bewertet, um den Schlupfprozentsatz zu ermitteln. Daten wie das Gewicht der teleogynen Larven (PT), das Gewicht der Eier (PO) und der Schlupfprozentsatz (%E) wurden ausgewertet und der Prozentsatz der Produkteffizienz (PE) wurde dann berechnet (Drummond *et al.*, 1973).

$$ER = \frac{PO \times \%E \times 20000}{PT}*$$

* = Anzahl der Larven pro ein Gramm Eier.

$$EP = \frac{\text{ER-Kontrollgruppe - ER-behandelte Gruppe X 100}}{\text{Kontrollgruppe RE}}$$

5. ERGEBNISSE UND DISKUSSION

5.1 Ausbeute und physikalische Eigenschaften des ätherischen Öls

Das aus den Blättern von *C. zeylanicum* durch Hydrodestillation gewonnene ätherische Öl ergab eine Ausbeute von 1,03 %, bezogen auf das Gewicht des verwendeten Trockenmaterials (b.l.u.). Der Ausbeutewert des Öls und einige Merkmale (Dichte, Brechungsindex, Löslichkeit, Farbe und Aussehen) sind in Tabelle 3 aufgeführt und mit Daten aus der Literatur verglichen.

Tabelle 3. Physikalische Eigenschaften des aus den Blättern *von Cinnamomum zeylanicum* extrahierten ätherischen Öls.

Eigenschaften Physikalisch-chemische Daten	Ätherisches Öl[a]	[b]Ätherisches Öl ( )	Ätherisches Öl [c]
Ausbeute (%)	1,03	1,3	1,1
Dichte (g. mL^{-1})	1,055	1,023	1,048
n_D^{25} Brechungsindex (N)	1,533	1,533	1, 533
Löslichkeit in Ethanol	1:1 90% (v/v)	1:1 70%(v/v)	1:1 70%(v/v)
Farbe	Gelb	Gelb	Gelb
Erscheinungsbild	Sauber	Sauber	Sauber

[a]bc Angaben des Autors; ( )Reis (2011); ( )Dias (2009)

Vergleicht man die Werte für die ätherischen Öle der Blätter *von C. zeylanicum* mit denen in der Literatur, so stellt man fest, dass sie sich in Bezug auf die analysierten Parameter ähneln. Geringe Unterschiede in den ermittelten Werten können unter anderem auf Faktoren wie den Zeitpunkt der Sammlung, den Chemotyp, die verschiedenen Bodentypen, die Bedingungen und die Lagerzeit der Blätter zurückgeführt werden.

5.2 Chemische Zusammensetzung des ätherischen Öls der Blätter *von Cinnamomum zeylanicum*

Die chemischen Inhaltsstoffe wurden mittels Gaschromatographie gekoppelt mit Massenspektrometrie (GC-MS) analysiert. Die Identifizierung erfolgte auf der Grundlage der Analyse der Massenspektren und des Retentionsindex (RI) im Vergleich zu Literaturdaten (ADAMS, 2007).

Insgesamt wurden 36 verschiedene Verbindungen mit Konzentrationen zwischen 0,04 und 65,39% identifiziert, was 99,88% der Gesamtzusammensetzung des Öls entspricht (siehe Tabelle 4), mit

41,62% aliphatischen Monoterpenen, 5,55% aromatischen Monoterpenen, 30,52% Sesquiterpenen, 13,87% Phenylpropanoiden und 8,32% aromatischen Estern. Mit Prozentsätzen über 2 % waren die wichtigsten in *C. zeylanicum-Blattöl* gefundenen Verbindungen Benzylbenzoat (65,39 %), Linalool (5,37 %), E-Cinnamaldehyd (3,97 %), α-Pinen (3,95 %), β-Phellandren (3,42 %), Eugenol (3,36 %) und Benzaldehyd (2,68 %).

Tabelle 4. Im ätherischen Öl von *Cinnamomum zeylanicum* identifizierte Inhaltsstoffe

Inhaltsstoffe	IR*	%
α-Pinen	932	3,95
Camphene	946	1,68
Benzaldehyd	952	2,68
β-Pinen	974	1,51
Mirceno	988	0,46
α-Felandren	1002	0,09
α-Terpinen	1014	0,34
p-Cymene	1020	0,2
β-Felandren	1025	3,42
γ-Terpinen	1054	0,04
Terpinolen	1086	0,08
Linalool	1095	5,37
cis-p-Menth-2-en-1-ol	1118	0,06
Kampfer	1141	0,05
2-Ethyl-3-Methylphenol	1166	0,21
Ethylbenzoat	1169	0,18
Borneol	1165	0,23
Terpinen-4-ol	1174	0,19
α-Terpineol	1186	0,43
Z-Zimtaldehyd	1217	0,05
E- Zimtaldehyd	1267	3,97
δ-Elemene	1335	0,31
α-Cubebene	1345	0,09
Eugenol	1356	3,36
3-Phenyl-propan-1-ol-Acetat	1359	0,14
α-Copaen	1374	1,05
β-Elemene	1389	0,18
E-Caryophyllen	1417	1,4
Cinnamyl-E-Acetat	1443	1,27
α-Humulen	1452	0,31
D-Germacren	1484	0,27
Bicyclogermacren	1500	0,53
δ-Candinen	1522	0,1
Spatulenol	1577	0,13
Humulenepoxid	1608	0,16
Benzylbenzoat	1759	65,39
Aliphatische Monoterpene		41,62
Aromatische Monoterpene		5,55
Sesquiterpene (Kohlenwasserstoffe und Oxygenate)		30,52
Phenylpropanoide		13,87
Aromatische Ester		8,32

Insgesamt	99,88

* IR: Adams Bibliotheksverbleibsindex

Das Chromatogramm des aus den Blättern der *C. zeylanicum-Arten* extrahierten ätherischen Öls *ist* in Abbildung 7 in der Reihenfolge der Elution dargestellt.

Abbildung 7. Chromatogramm des ätherischen Öls der Art *Cinnamomum zeylanicum*

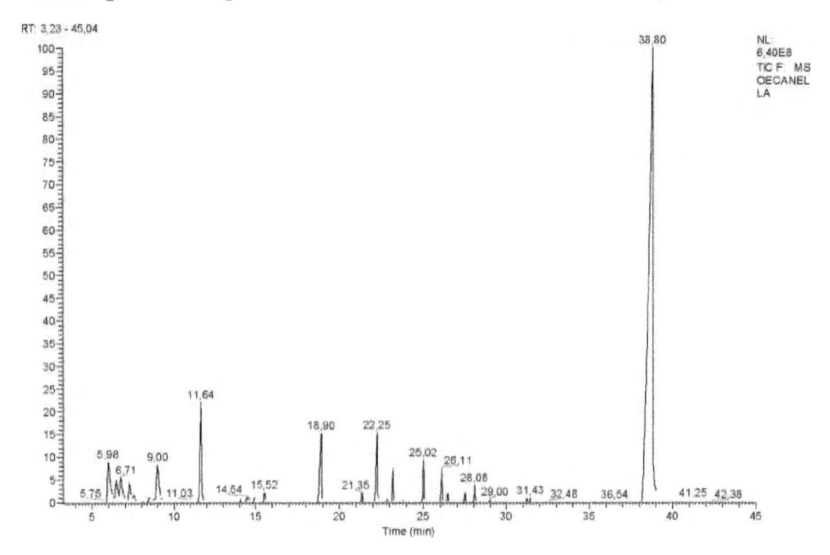

Peak 36 des Chromatogramms mit einer Retentionszeit von 38,80 min entspricht Benzylbenzoat. Alle Peaks im Chromatogramm des ätherischen Öls von *C. zeylanicum-Blättern* wurden anhand ihrer Massenspektren identifiziert.

Bemerkenswert ist der hohe Gehalt an Peak 36 (TR=38,80) des Chromatogramms (65,39 %), der später als Benzylbenzoat identifiziert wurde, was zeigt, dass diese Verbindung der Hauptbestandteil des ätherischen Öls ist.

Nachfolgend sind die Massenspektren der in Abbildung 7 dargestellten Hauptpeaks in der Reihenfolge der Retentionszeit sowie die jeweiligen Identifizierungsvorschläge durch Vergleich mit Daten aus der Literatur (ADAMS, 2007) und aus den NIST- und Adams-Spektrographen aufgeführt.

Abbildung 8. Massenspektren von (A) Verbindung mit TR=5,98 aus dem Chromatogramm in Abbildung 7 und (B) vorgeschlagene Identifizierungen mit NIST- und ADAMS-Spektrographen (α-Pinen).

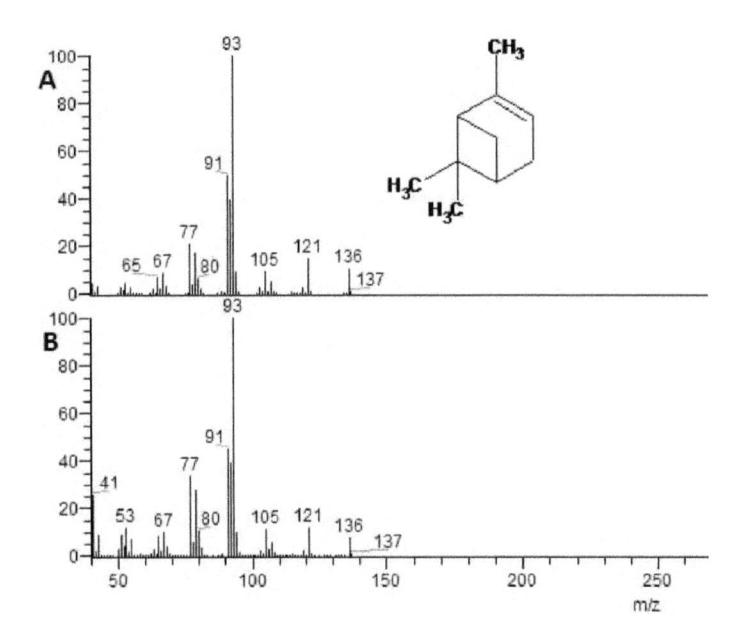

Die Massenspektren in Abbildung 8 zeigen, basierend auf der Literatur (ADAMS, 2007) und den NIST- und ADAMS-Spektrographen, das Vorhandensein der α-Pinenverbindung im ätherischen Öl. 06Der Molekülionenpeak zeigt m/z=136, was die Ci-Hi-Formel bestätigt. 79Der m/z=93-Peak für α-Pinen wird wahrscheinlich durch eine Struktur mit der Formel C H + gebildet, die durch Isomerisierung und anschließende Allylspaltung entsteht (SILVERSTEIN *et al.*, 2007).

Abbildung 9. Massenspektren von (A) Verbindung mit TR=11.64 aus dem Chromatogramm in Abbildung 7 und (B) vorgeschlagene Identifizierungen unter Verwendung von NIST- und ADAMS (Linaloi)-Spektrographen.

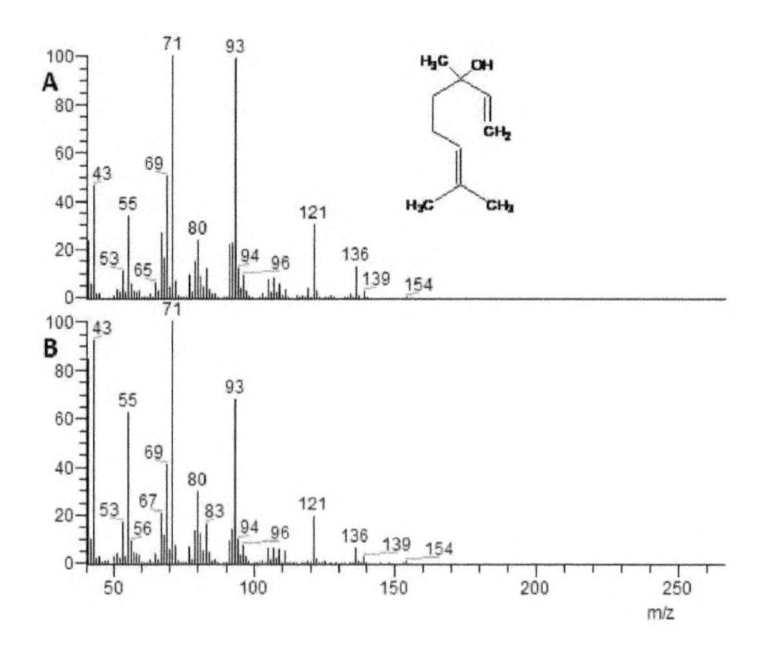

Die Massenspektren in Abbildung 9 zeigen, basierend auf der Literatur (ADAMS, 2007) und den NIST- und ADAMS-Spektrographen, das Vorhandensein der Verbindung Linalool im ätherischen Öl. Der Literatur zufolge ist der Molekül-Ionen-Peak bei tertiären Alkoholen schwer zu erkennen, was bei Linalool der Fall ist. $_{1018}$Bei dieser Verbindung mit der Summenformel C H O liegt der Molekülionenpeak bei m/z =154 [M]. Der Peak 136 [M - 18] entspricht dem Verlust von Wasser, während der Peak m/z = 121 [M - 18 - 15] dem Verlust von Wasser und der Methylgruppe entspricht. $^+_{22}$Linalool ist ein tertiärer Alkohol, und bei Verbindungen dieser Art kommt es häufig zu einer Unterbrechung der Kohlenstoff-Kohlenstoff-Bindung in der Nähe des Sauerstoffatoms, wobei die größte Gruppe eliminiert wird, was durch den Peak bei m/z=71 (H2C=CH-COH -$_{CH3}$) und den Peak bei m/z=83 [($_{CH3}$)2C=CH- CH -CH] deutlich wird. $_{38}$Der Peak mit m/z=93 ist auf die Eliminierung von Wasser (M - 18) und der C H + Gruppe (M - 44) zurückzuführen (SILVERSTEIN et al., 2007).

Abbildung 10. Massenspektren von (A) Verbindung mit TR=18,90 aus dem Chromatogramm in Abbildung 7 und (B) vorgeschlagene Identifizierungen unter Verwendung von NIST- und ADAMS-Spektrographen (E-Cinnamaldehyd).

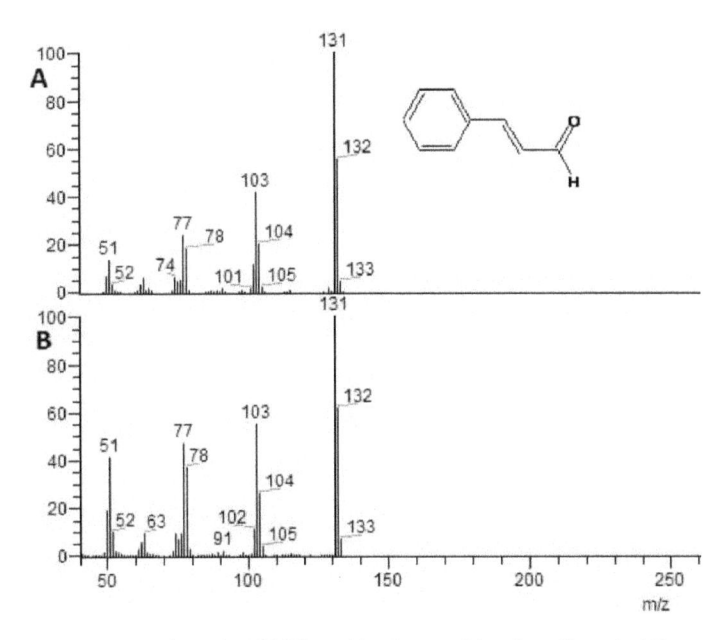

Die Massenspektren in Abbildung 10 zeigen auf der Grundlage der Literatur (ADAMS, 2007) sowie der NIST- und ADAMS-Spektrographen das Vorhandensein der Verbindung E-Zimtaldehyd im ätherischen Öl. ₉₈Der Molekülionenpeak zeigt m/z=132, was die Formel C H O bestätigt. Aromatische Aldehyde weisen intensive Molekülionenpeaks auf, und der Verlust eines Wasserstoffatoms durch α-Segmentierung ist ein sehr günstiger Prozess (PAVIA et al., 2010). Der daraus resultierende M-1-Peak kann intensiver sein als der Molekülionenpeak, was bei E-Zimtaldehyd der Fall ist. ₆₅Auch bei aromatischen Aldehyden ist es üblich, das M-29-Fragment zu bilden, im Fall von E-Cinnamaldehyd den Peak mit m/z= 103. Abbildung 10 zeigt das Vorhandensein des Peaks mit m/z=77, der dem für Aromaten typischen Ion C H + entspricht, das wiederum HC≡CH eliminiert und das Ion C₄H₃+ (m/z= 51) ergibt (SILVERSTEIN et al., 2007).

Abbildung 11. Massenspektren von (A) Verbindung mit TR=38.80 aus dem Chromatogramm in Abbildung 7 und (B) vorgeschlagene Identifizierungen unter Verwendung von NIST- und ADAMS-Spektrographen (Benzylbenzoat).

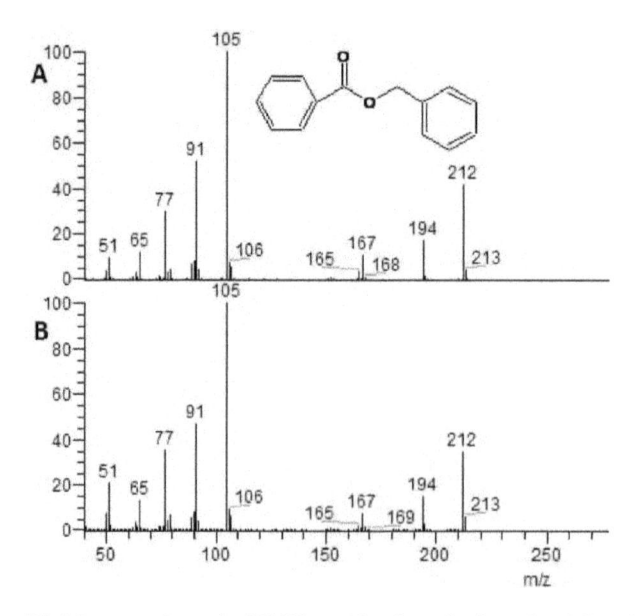

Die Massenspektren in Abbildung 11 zeigen, basierend auf der Literatur (ADAMS, 2007) und den NIST- und ADAMS-Spektrographen, das Vorhandensein der Verbindung Benzylbenzoat im ätherischen Öl. $_{14}^{22}$Der Molekül-Ionen-Peak zeigt m/z=212 und bestätigt die Formel $C_{14}H_{12}O_2$ - Der Peak mit m/z=194 ist das Ergebnis der Eliminierung von H$_2$O [M - 18]. $_{65}^{+}$Der Basenpeak, m/z=105, ist auf die Bildung des stabilen Ions C$_6$H$_5$C≡O zurückzuführen, das für Ester charakteristisch ist. $_{77}^{+}{}_{22}$Der Peak mit m/z=91 ist charakteristisch für das Tropyliumkation (C$_7$H$_7$) und der Peak mit m/z=65 ist das Ergebnis der neutralen Abspaltung von Acetylen (C$_2$H$_2$) aus dem Tropyliumion. $_{65}^{+}$Der Peak mit m/z=77 entspricht dem Ion C$_6$H$_5$, typisch für Aromaten (SILVERSTEIN et al., 2007).

Nach früheren Studien über *C. zeylanicum*-Öl ist der häufigste Chemotyp, der in dem Blattöl gefunden wurde, Eugenol. Andere Studien haben ergeben, dass *C. zeylanicum*-Blattöl signifikante Mengen an Eugenol, Safrol, Benzylbenzoat, (E)-Cinnamylacetat und Hydrocinnamylacetat enthält (DIAS, 2009, LIMA et al., 2005, REIS, 2012, MORSBACH et al., 1997, NATH et al., 1996, MAIA et al., 2007). Daher ist davon auszugehen, dass diese Chemotypen von *C. zeylanicum* auf den Genotyp der Pflanze zurückzuführen sind, wobei vor allem die Jahreszeit, das Klima und der Sammelort zu berücksichtigen sind.

Die untersuchte Spezies von *C. zeylanicum* gehört zum Chemotyp des Benzylbenzoats, das laut Literatur kommerziell als topisches sarnizides Medikament verwendet wird, das eine akarizide Wirkung gegen verschiedene Parasiten hat, was auf die potenzielle Verwendung dieses Öls für diesen Zweck hindeutet (SILVA et al., 2009), so dass es für traditionelle Apotheker von Interesse sein könnte. In der vorliegenden Studie wurde mit diesem Bestandteil eine karrapaticide Wirkung bei der

Bekämpfung der Rinderzecke *R. microplus* erzielt. In einer kürzlich durchgeführten Studie in der Gemeinde Olinda - PE (NEVES *et al.*, 2009) wurde berichtet, dass das ätherische Öl aus den Blättern von *C. zeylanicum*, das Benzylbenzoat (64,4 %) als Hauptbestandteil enthält, eine akarizide Wirkung gegen die gestreifte Milbe (*Tetranichus urticae*) hat. *C. zeylanicum* mit einem hohen Anteil an Benzylbenzoat (65,4 %) im Blattöl wurde im Brahmaputra-Tal, Indien, gesammelt (NATH *et al.*, 1996). Obwohl diese Art von Blattöl, das Benzylbenzoat enthält, bereits früher berichtet wurde, ist sein Vorkommen als Hauptbestandteil nur wenig bekannt. Glichitch, zitiert von (GUENTHER, 1950), stellte aufgrund einer Untersuchung von Proben unterschiedlicher Herkunft fest, dass Öle mit geringem Eugenolgehalt im Allgemeinen relativ große Mengen an Benzylbenzoat und Zimtsäureestern enthalten, wie es bei der hier untersuchten Probe und auch bei den von (NATH *et al.*, 1996 und NEVES *et al.*, 2009), wo für das ätherische Öl der Blätter von *C. zeylanicum* überraschend hohe Werte an Benzylbenzoat gefunden wurden.

5.3 Bewertung der larviziden Aktivität

-¹Bei dem Test mit dem ätherischen Öl *von C. zeylanicum* wurde festgestellt, dass bei Konzentrationen von 50, 25, 10, 5 und 1 mg.mL die Larvensterblichkeitsrate 100 %, 99,8 %, 99 %, 98,9 % bzw. 41,1 % betrug (Tabelle 5). -¹In Anbetracht dieser Ergebnisse wurde der getestete Bereich auf Konzentrationen unter 1 mg.mL reduziert, wobei sich herausstellte, dass das Öl für *R. microplus-Larven* nicht sehr wirksam war. -¹Für den Benzylbenzoat-Standard, den Hauptbestandteil des ätherischen Öls, wurde die larvizide Aktivität bei folgenden Konzentrationen getestet: 25, 15, 10, 5, 4 mg.mL , wobei die Larvensterblichkeitsrate 100 %, 100 %, 100 %, 85 % bzw. 68,2 % betrug (Tabelle 5). -¹Bei Konzentrationen unter 4 mg.mL wurde ebenfalls festgestellt, dass der Standard keine zufriedenstellenden Ergebnisse für *R. microplus-Larven* erbrachte.

-¹·¹Die Analyse des Öls und des Musters seines Hauptbestandteils ergab, dass bei Konzentrationen ab 5 mg.mL und 4 mg.mL ein Prozentsatz von mehr als 50 % für die Sterblichkeitsrate erreicht wurde, was die Wirksamkeit auf *R. microplus-Larven* zeigt.

Balbino *et al.* (2008) berichteten über die larvizide Wirkung des ätherischen Öls *von Piper xylosteoides*, das reich an Safrol, α-Pinen, Limonen, Aristolen und Zingiberen ist, auf die Larven von *R. microplus* und stellten fest, dass dieses Öl in der höchsten Konzentration 97 % aller Zeckenlarven tötete. In dieser Studie hatte α-Pinen einen Gehalt von 3,97 %.

-¹¹Die tödliche Konzentration für 50 % der Population betrug 1,005 mg.mL für *C. zeylanicum-Öl* (Tabelle 5) und 3,368 mg.mL^ für den Standard seiner Hauptkomponente (Tabelle 5). Der Vergleich dieser Mortalitätsraten zeigt, dass das ätherische Öl der Blätter *von C. zeylanicum* eine bessere larvizide Aktivität gegen *R. microplus* aufweist, was darauf hindeutet, dass die Mischung der Ölkomponenten wirksamer ist als der Standard allein, d. h., dies deutet darauf hin, dass die anderen

Bestandteile des Öls möglicherweise synergistisch oder additiv mit Benzylbenzoat interagieren und zu dessen toxischen Wirkungen beitragen. Tatsächlich wird häufig beobachtet, dass die komplexen chemischen Zusammensetzungen ätherischer Öle wirksamer sind als reine Verbindungen (DON-PEDRO, 1996, MIRESMAILLI et al., 2006, SINGH et al., 2009). Kombinationen von Verbindungen sind im Allgemeinen wünschenswerter, da sie nicht nur das Wirkungsspektrum erweitern, sondern auch verschiedene Schädlinge empfänglicher für sie machen (SINGH et al., 2009).

$^{-1}$Apel et al. (2009) testeten das ätherische Öl aus den Blättern von fünf *Cunila-Arten* in Konzentrationen von 2,5, 5 und 10 μL.mL (≈0,25, 0,5 und 1%). $^{-1}$C. *angustifolia* und *C. incana* verursachten bei der niedrigsten Konzentration eine 100%ige Mortalität der Larven *von R. microplus*, während *C. spicata* bei einer Konzentration von 5 μL.mL, *C. incisa* und *C. microcephala* eine unbedeutende Wirkung hatten. Die wichtigsten in diesen Pflanzen gefundenen Verbindungen waren α-Pinen, β-Pinen, Sabinen, Menthofuran und 1,8-Cineol. In dieser Studie wurden auch die Verbindungen α-Pinen (3,97 Prozent), β-Pinen (1,51 Prozent) gefunden.

Obwohl die Wirkungsweise der überwiegenden Mehrheit der ätherischen Öle nicht bekannt ist (KIM et al., 2004), deutet die schnelle Wirkung einiger Öle gegen Milben auf eine neurotoxische Wirkung hin (ISMAN, 2006). Die Wirkung des ätherischen Öls *von C. zeylanicum* könnte mit einer neurotoxischen Reaktion verbunden sein, doch sind weitere Studien erforderlich, um diese Hypothese zu klären.

Tabelle 5. Prozentuale Mortalität und CL_{50} des ätherischen Öls von *C. zeylanicum* und Benzyl (Standard) für *R. microplus*-Larven.

Muster		Larven			
		Sterblichkeit (%)	CL_{50} (mg.mL^{-1})	95% CI	R
Ätherisches Öl von *C. zeylanicum*	Kontrolle Triton 2%	0,0			
	50 mg.mL^{-1}	100,0			
	25 mg.mL^{-1}	99,8			
	10 mg.mL^{-1}	99,0			
	5 mg.mL^{-1}	98,9	1,005	0,989-1,021	0,8421
	1 mg.mL^{-1}	41,1			
	0,95 mg.mL^{-1}	1,9			
	0,85 mg.mL^{-1}	1,6			
	0,75 mg.mL^{-1}	1,1			
	Kontrolle Triton 2%	0,0			
	25 mg.mL^{-1}	100,0			

	15 mg.mL^{-1}	100,0			
	10 mg.mL^{-1}	100,0			
Benzoat	5 mg.mL^{-1}	84,9	3,368	3,14-3,60	0,9700
Benzila (Standard)	4 mg.mL^{-1}	68,1			
	3 mg.mL^{-1}	36,7			
	2 mg.mL^{-1}	1,7			
	1 mg.mL^{-1}	0,0			

CL_{50} = Konzentration (mg.mL), CI = Konfidenzintervall, R = Korrelationskoeffizient

5.4 Wirkung auf verstopfte Frauen

Beim Immersionstest für ausgewachsene Zecken wurde festgestellt, dass sowohl das ätherische Öl als auch der Benzylbenzoat-Standard keine direkte Sterblichkeit bei den geschwängerten *R. microplus-Weibchen* verursachten, aber in den Reproduktionsprozess der Zecken eingriffen, indem sie einen Rückgang der Eiproduktion und eine Verringerung der Schlüpfrigkeit und Sterblichkeit der Larven bewirkten.

Tabelle 6 zeigt, dass mit zunehmender Konzentration des ätherischen Öls und des Benzylbenzoat-Standards die Eiablage abnahm und die Schlupffähigkeit zunahm, was zeigt, dass beide in erster Linie auf das Ausbrüten der Eier einwirkten und folglich auch ihre Wirksamkeit zunahm, so dass eine teilweise Bekämpfung der Rinderzecke möglich war.

Wie beim Larven-Test erwies sich das ätherische Öl aus den Blättern *von C. zeylanicum* als wirksamer als das Standard-Benzylbenzoat gegen *R. microplus*, was auf das Vorhandensein der Nebenbestandteile des Öls zurückzuführen ist.

In dieser Studie wurde, wie von Gazim *et al.* (2011) beschrieben, beobachtet, dass die ätherischen Öle einiger aromatischer Pflanzen in die Fortpflanzungsprozesse von Zecken eingreifen können, was zu einer Verringerung der Anzahl und des Gewichts der Eier, einer Verringerung des Schlupfes der Larven und der Larvensterblichkeit führt.

In der Literatur wurden keine Studien gefunden, die über die karpathizide Aktivität von *C. zeylanicum* mit dem Chemotyp Benzylbenzoat berichten, aber die akariziden und insektiziden Aktivitäten der verschiedenen chemischen Bestandteile des ätherischen Öls aus den Blättern dieser Pflanze sind bekannt. Eine Studie über die Struktur/Aktivitäts-Beziehung von Monoterpenen als Akarizide gegen *Psoroptes cuniculi* (PERRUCI *et al.*, 1995) zeigte eine hohe *In-vitro-Aktivität* von Linalool und Eugenol gegen diese Milbenart. In den von Yang *et al.* (2005) durchgeführten Studien zeigten Linalool und Cinnamylacetat eine insektizide Wirkung gegen *Pediculus humanus* capitis und bestätigten damit frühere Berichte über die insektiziden Eigenschaften von Cinnamylacetat (CHENG *et al.*, 2004). Kürzlich (NEVES *et al.*, 2009) wurde berichtet, dass das Öl aus den Blättern von *C.*

zeylanicum, das Benzylbenzoat, E-Caryophyllen und α-Copaen als Hauptbestandteile enthält, eine Begasungswirkung gegen die Gestreifte Milbe (*Tetranidus urticae*) ausübt, die bei der integrierten Bekämpfung dieser Milbe eingesetzt werden kann. Oh *et al.* (2012) zeigten, dass das ätherische Öl und die Extrakte von *Lindera melissifolia* (Lauraceae), die Fraktionen von β-Caryophyllen, α-Humulen, Germacren-D und β-Elemen enthalten, eine signifikante repellierende Wirkung auf Zecken und eine mäßige repellierende Wirkung auf Stechmücken haben.

Das ätherische Öl von *Copaifera reticulata*, dem Copaiba-Baum, hat eine krapathische Wirkung auf die Larven *von R. microplus* (FERNANDES *et al.*, 2007). Laut Gazim *et al.* (2011) hat die Pflanze *Tetradenia riparia* (Lamiaceae) eine hohe krapathische Wirkung auf *R. microplus*. Diese Autoren beobachteten eine hohe Sterblichkeit der verschlungenen Weibchen bei niedrigen Konzentrationen des ätherischen Öls der Pflanze, eine Verringerung der Anzahl und des Gewichts der Eier, eine Verringerung des Schlupfes der Larven und der Sterblichkeit der Larven. Soares (2003) testete *Azadirachta indica* (Neem) *in vitro* an verschlungenen *R. (B) microplus-Weibchen* und erzielte eine Wirksamkeit von über 95 % sowohl für die wässrigen als auch für die alkoholischen Lösungen. *Cymbopogon citratus* (Zitronengras) hingegen war nur zu 48 % wirksam.

Wie in diesem Versuch gibt es mehrere ätherische Öle aus verschiedenen aromatischen Pflanzen, die in niedrigen Konzentrationen nicht zu 100 % gegen *R. microplus* wirksam sind, aber als Hilfsmittel für das Management eingesetzt werden könnten, da sie eine akarizide Wirkung haben und den Parasiten teilweise kontrollieren. Daher ist die Verwendung von ätherischen Ölen eine interessante Option, um den Einsatz von chemischen Akariziden zu reduzieren, auch wenn sie im Allgemeinen weniger wirksam sind als diese Produkte.

Diese Ergebnisse deuten darauf hin, dass *C. zeylanicum*-Öl eine mögliche Alternative zur Bekämpfung von *R. microplus* darstellen könnte, und regen zu weiteren Studien an, um seine Wirksamkeit bei anderen Milbenarten zu bewerten.

Diese Ergebnisse deuten darauf hin, dass das ätherische Öl von *C. zeylanicum* eine vielversprechende Alternative für die nachhaltige Bekämpfung von Rinderzecken darstellt, da die Verwendung dieser Verbindungen in der Regel weniger toxisch für Säugetiere ist, sich in der Umwelt schnell abbaut, nur langsam eine Resistenz entwickelt und für Anwender und Verbraucher wirksam und sicher ist. Es sind jedoch weitere Studien erforderlich, um den Einsatz von *C. zeylanicum*-Öl als Akarizid zu optimieren.

Tabelle 6. Wirksamkeit *des* ätherischen Öls *von C. zeylanicum* und Benzylbenzoat (Standard) im Test auf verstopfte *R. microplus-Weibchen*.

| Muster | Engagierte Frauen |

		IPO	Rot. O	Schlüpfrigkeit	EP (%)
	Kontrolle Triton 2%	53,2		100,0%	
	75 mg/ml	48,0	9,9%	49,6%	55,3
Ätherisches Öl von	50 mg/ml	48,4	9,1%	58,5%	46,8
C. zeylanicum	25 mg/ml	55,4	0,0%	69,9%	27,3
	10 mg/ml	57,6	0,0%	75,5%	18,3
	5 mg/ml	56,2	0,0%	85,0%	10,4
	Kontrolle Triton 2%	62,4		96,0%	
	25 mg/ml	53,7	14,0%	83,8%	24,9
Benzoat	15 mg/ml	57,5	7,8%	92,8%	10,9
Benzila (Standard)	10 mg/ml	58,1	6,9%	94,0%	8,8
	5 mg/ml	59,0	5,4%	94,8%	6,6
	1 mg/ml	59,4	4,8%	96,3%	4,5

IPO = Eierproduktionsindex, rot. O = Ovipositionsreduktion, EP = Produkteffizienz

6. SCHLUSSFOLGERUNGEN

Die Analyse der chemischen Zusammensetzung des ätherischen Öls mittels Gaschromatographie in Verbindung mit Massenspektrometrie (GC-MS) ermöglichte die Identifizierung von Monoterpenen, Sesquiterpenen, Phenylpropanoiden und aromatischen Estern, was die metabolische Vielfalt der *C. zeylanicum-Arten* bestätigt.

Das ätherische Öl von *C. zeylanicum* wies eine Zusammensetzung auf, in der Benzylbenzoat, Linalool, E-Cinnamaldehyd, α-Pinen und β-Phellandren die Hauptbestandteile waren, wobei Benzylbenzoat als Chemotyp charakterisiert wurde.

Diese Studie zeigte, dass die Spezies *C. zeylanicum* ein ätherisches Öl mit einer Ausbeute von 1,03 % (m/m) lieferte, was im Vergleich zur Extraktion anderer ätherischer Öle aus aromatischen Pflanzen als hoch angesehen wurde, und die physikalischen Konstanten wiesen ähnliche Werte auf wie die in der Literatur und der zum Vergleich verwendeten Norm.

Die larvizide Aktivität des ätherischen Öls der Blätter *von C. zeylanicum* gegen die Larven *von R. microplus* war stärker als die des Standardbenzoats, was auf die Minderheitskomponenten des Öls zurückgeführt werden kann. Im Immersionstest für ausgewachsene Zecken wurde festgestellt, dass sowohl das ätherische Öl als auch das Standard-Benzylbenzoat keine direkte Sterblichkeit bei den geschwängerten *R. microplus-Weibchen* verursachten, aber in den Reproduktionsprozess dieser Zecken eingriffen, indem sie eine Verringerung der Eierproduktion und eine Verringerung der Schlupffähigkeit und Sterblichkeit der Larven bewirkten und somit eine teilweise Kontrolle der Rinderzecke darstellten.

In Anbetracht der erzielten Ergebnisse ist dies die erste Studie, in der die zeckenabtötende Wirkung des ätherischen Öls von *C. zeylanicum* auf *R. microplus* aufgezeichnet wurde, was es zu einer möglichen Alternative zu herkömmlichen synthetischen Produkten macht, die Teil einer neuen Generation biologisch aktiver Verbindungen mit Potenzial für den Einsatz bei der nachhaltigen Bekämpfung von Rinderzecken sein könnte. Trotz der Vorteile der Verwendung herkömmlicher Biokohle sind jedoch weitere Forschungsarbeiten erforderlich, um die Wirksamkeit dieser neuen Produkte bei diesen Ektoparasiten nachzuweisen.

REFERENZEN

ABBOTT, W.S. **A method of computing the effectiveness of an insecticide**. Journal of Economic Entomology, 1925; 18 (2): 265-267.

ADAMS, R.P. **Identification of Essential Oil Components by Gas Chromatography/Mass Spectrometry**, 4. Aufl. Carol Stream: Allured Publishing Corporation; 2007.

ANDREOTTI, R. **BmTI-Antigene induzieren eine schützende Immunantwort von Rindern gegen *Boophilus* microplus-Zecken**. Internationale Immunopharmakologie, 2002; Band (2): 557-563.

APEL, M.A. **Chemische Zusammensetzung und Toxizität von ätherischen Ölen aus Cunila-Arten (Lamiaceae) auf die** Rinderzecke *Rhipicephalus* (*Boophilus*) *microplus* . **Parasitologia Research, 2009; 105 (3): 863868,. PMID: 19421776. http://dx.doi.org/10.1007/s00436-009-1455 4**.

ASSIS, C. P. O. **Toxizität von ätherischen Ölen auf *Tyrophagus putrescentiae* (Schrank) und *Suidasia pontifica* Oudemans (Acari: Astigmata)**. [Dissertation]. Recife: Ländliche Bundesuniversität von Pernambuco, 2010.

BAKKALI, F., AVERBECK, S., AVERBECK, D., IDAOMAR, M. **Biological effects of essential oils**: a review. Food Chem Toxicol, 2008; vol (46): 446 - 475.

BALBINO, J. M., GOULART, C., DIAS, J., FERRAZ, A. B. F., BORDIGNON, S., POSER, G.V., ZINI, C. A. **Chemische Zusammensetzung und akarizide Wirkung des ätherischen Öls *von Piper xylosteoides* auf Larven von *Rhipicephalus (Boophilus) microplus*.** Wissenschaftliches Einführungsprogramm. UFRGS, Porto Alegre. 2008.

BALMÉ, F. **Plantas Medicinais**. Sao Paulo: Hemus, 1978.

BARBOSA, M. de A. *In vitro* **antimikrobielle Bewertung von *Punica granatum* Linn. gegen klinisch isolierten *Enterococcus faecalis***. [Monographie]. Joao Pessoa: Bundesuniversität von Paraiba, 2010.

BELL, E.A. und CHARLWOOD, B. V. **Sekundäre Pflanzenprodukte**. New York: Spinger-Verlag, 1980.

BERNARD, T., PERINEAU, F., DELMAS, M., GASSET, A. **Extraktion von ätherischen Ölen durch Raffination von Pflanzenmaterial. II. Verarbeitung von Produkten im trockenen Zustand: Illicium verum Hooker (Frucht) und *Cinnamomum zeylanicum* Nees (Rinde)**. *Flav. Fragr. J.,* 1989; vol (4): 85-90.

BIEGELMEYER, P., NIZOLI, L.Q., CARDOS, F.F., DIONELLO, N.J.L. **Aspects of cattle resistance to** *Riphicephalus (boophilus) microplus* **ticks**. Arch Zootec, 2012; 61 (1): 11.

BRASILIEN, GESUNDHEITSMINISTERIUM, Sekretariat für die Gesundheitsüberwachung. Entschließung 104/99, vom 26/04/1999. **Staatsanzeiger der Föderativen Republik Brasilien,** 14/05/99, 1999.

BRENNA, E., FUGANTI, C., SERRA, S. **Enantioselektive Wahrnehmung von chiralen Geruchsstoffen**. Tetrahedron: Asymmetry. 2003; 14 (1).

BROGLIO-MICHELETTI, S.M.F., NEVES-VALENTE, E.C., SOUZA, L.A., SILVA-DIAS, N., GIRÓN-PÉREZ, K., PRÉDES-TRINDADE, R.C. **Control de** *Rhipicephalus (Boophilus) microplus* **(Acari: Ixodidae) con extractos vegetales**. Rev Colombiana Entomol, 2009; vol (135): 145-149.

BUENO, O.C. **Plantas inseticidas no controle de ants cortadeiras**. Agroecologia, Botucatu, 2009; vol (28): 20-22.

BURT, S. **Ätherische Öle: ihre antibakteriellen Eigenschaften und mögliche Anwendungen in Lebensmitteln**. Int. J. Food Microbiology. 2004; vol (94): 223.

CAMPOS, R.N.S., BACCI, L., ARAÙJO, A.P.A.,, BLANK, A.F., ARRIGONI-BLANK, M.F., SANTOS, G.R.A.; RONER, M.N.B. **Ätherische Öle aus Heil- und Aromapflanzen bei der Bekämpfung der Zecke** *Rhipicephalus microplus.* Archivos de zootecnia. 2012; 61 (8).

CARDONA, E.Z., TORRES, F.R., ECHEVERRI, F.L. **Evaluación** *in vitro* **de los extractos crudos de sapindus saponaria sobre hembras ingurgitadas de** *Boophilus microplus* **(Acari: Ixodidae)**, Scientia et Technica, 2007; vol (13): 51-55.

CASTRO, R. D. **Antimykotische Aktivität des ätherischen Öls** *von Cinnamomum zeylanicum* **Blume (Zimt) und seine Verbindung mit synthetischen Antimykotika auf** *Candida-Arten.* [Dissertation]. Joao Pessoa: Bundesuniversität von Paraiba, 2010.

CHENG, S.S., LIU, J.T., TSAI, K.H., CHEN, W.J., CHANG, S.T.,. **Chemische Zusammensetzung und mückenlarvenabtötende Wirkung von ätherischen Ölen aus Blättern verschiedener** *Cinnamomum* **osmophloeum-Provenienzen**. J. Agric. Food Chem. 2004; 52 (14), 4395-4400.

CLARK, L.G. **Zusammenhang zwischen Pestizidtoxikose und einigen Gesundheitsfaktoren während des Zeckenausrottungsprogramms in Puerto Rico**. In: Internationales Symposium über Veterinärepidemiologie und Wirtschaft, 1982, Arlington. Proceedings... Edwardsville: Veterinary Medicine Publishing. 1982.

CORAZZA, S. **Aromakologie: eine Wissenschaft der vielen Gerüche**. Sao Paulo: SENAC, 2002.

CUNHA, A. P., RIBEIRO, J. A., ROUQUE, O. R. **"Aromatische Pflanzen in Portugal -**

Charakterisierung und Verwendung", Calouse Gulbenkian Foundation, Lissabon, 2007.

DIAS, V. L. N. Phytoverfügbarkeit von Metallen, ernährungsphysiologische Charakterisierung, chemische Zusammensetzung, Bewertung der antioxidativen und antibakteriellen Aktivität des aus den Blättern von *Cinnamomum zeylanicum* Breyn extrahierten ätherischen Öls. [Dissertation]. Joao Pessoa: Bundesuniversität von Paraiba, 2009.

DON-PEDRO, K.N. Untersuchung der einzelnen und gemeinsamen insektiziden Wirkung von Zitrusschalenölkomponenten. Pestic. Sci. 1996 vol (46): 79-84.

DRUMMOND, R.O., ERNST, S.E., TREVINO, J.L., GLADNEY, W.J., GRAHAM, O.H. *Boophilus annulatus* und *Boophilus microplus*. Zeitschrift für Wirtschaftsentomologie, 1973; vol(66): 130-133.

FAO, **Ticks and Tickborne Disease Control**: A Practical Field Manual. FAO, Rom, 1984.

FARIAS, N.A.R. **Situation der Resistenz der *Boophilus microplus*-Zecke in der südlichen Region von Rio Grande Del Sur, Brasilien**. In: RESUMOS DO IV SEMINARIO INTERNACIONAL DE PARASITOLOGIA ANIMAL, Mérida, México. 1999. p. 25-30.

FERNADES, F.J., JORGE, I., CALVO, E.V.A., ALEJJO, E., CARBU, M., CAMAFEITA, E., GARRIDO, C., LOPEZ, J.A., JORRIN. J.; CANTORAL, J.M. **Proteomanalyse des phytopathogenen Pilzes *Botrytis cinerea* als potenzielles Instrument zur Identifizierung von Pathogenitätsfaktoren, therapeutischen Zielen und für die Grundlagenforschung**. Arch Microbiol, 2007; vol (187): 207215.

FIGUEIREDO, A.C., BARROSO, J.G., PEDRO, L.G. **Potencialidades e Aplicçoes Aromàticas e Medicinais**. ªTheoretisch-praktischer Kurs, 3. Auflage, Lissabon, Portugal, 2007.

FLETCHMANN, C.H.W. **Milben von veterinärmedizinischer Bedeutung**. 3. Auflage. Editora Nobel. Sao Paulo. Brasilien. 1990.

FURLONG, J. **Diagnose der Anfälligkeit der Rinderzecke *Boophilus microplus* für Akarizide im Bundesstaat Minas Gerais, Brasilien**. In: IV International Seminar on Animal Parasitology, Puerto Vallarta, Jalisco, Mexiko, 1999.

FURLONG, J. e MARTINS, J.R.S. **Resistência dos tickatos aos carrapaticidas. Embrapa Gado de Leite**. Juiz de Fora, MG. 2005.

GAZIM, Z.C., DEMARCHI, I.G., LONARDONI, M.V.C., AMORIM, A.C.L., HOVELL, A.M.C., REZENDE, C.M., FERREIRA, G.A., LIMA, E.L., COSMO, F.A.; CORTEZ, D.A.G. **Acaricidal activity of the essential oil from *Tetradenia riparia* (Lamiaceae) on the cattle tick *Rhipicephalus (Boophilus) microplus* (Acari; Ixodidae)**. *Exp Parasitol*, 2011; vol (129): 175-180.

GRAF, J.F., GOGOLEWSK, N., LEACH-BING, G.A., SABATINI, M.B., MOLENTO, E.L., ARANTES, G.J. **Zeckenbekämpfung: ein Blickwinkel der Industrie.** Parasitologie, 2004; vol (129): 427-442.

GRISI, L., MASSARD, C.L., MOYA-BORJA, G. E., PEREIRA, J. B. **Auswirkungen der wichtigsten Ektoparasitosen bei Rindern in Brasilien.** A Hora Veterinària, 2002; 21 (125): 8-10.

GUENTHER, E. *Zimtöl*. In: The Essential Oils. New York: D. Van Nostrand, 1950; Band (4): 213-240.

ADOLFO LUTZ INSTITUT. **Physikalisch-chemische Methoden für die Lebensmittelanalyse des Adolfo Lutz Instituts.** 4 ed. Sao Paulo, 2005.

ISMAN, M.B. **Botanische Insektizide, Abschreckungsmittel und Repellentien in der modernen Landwirtschaft und einer zunehmend regulierten Welt.** Annual Review of Entomology, 2006; vol(51): 45-66.

JANTAN, I.B., YEOH, E.L.,SURIANI, R., NOORSIHA, A., ABU SAID, A. **A comparative study of the constituents of the essential oils of three *Cinnamomum* species from Malaysia.** J Essent Oil Res. 2003; vol (15): 387-391.

JANTAN, I.B., MOHARAM, B.A., SANTHANAM, J., JAMAL, J.A. **Correlation between chemical composition and antifungal activity of the essential oils of eight *Cinnamomum* species.** Pharmazeutische Biologie. 2008; vol (46): 406-412.

JIROVETZ, L., BUCHBAUER, G., RUZICKA, J., SHAFI, M. P., ROSAMMA, M. K. **Analysis of *Cinnamomum zeylanicum* Blume leaf oil from south India.** *J. Essent. Oil Res.,* 13: 442-443, 2001.

KIM, H.K., KIM, J.R.; AHN, Y.J. **Acaricidal activity of cinnamaldehyde and its congeners against *Tyrophagus putrescentiae* (Acari: Acaridae).** J. Stored Prod. Res. 2001; vol (40): 55-63.

KOKETSU, M., GONÇALVES, S.L., GODOY, R.L.O. **Die ätherischen Öle der Rinde und der Blätter von Cinnamomi (*Cinnamomum verum* Presl) aus Paranà, Brasilien.** Food Technol. Aliment, Campinas, 1997; 7 (3): 281-285.

LEITE, R. C. *Boophilus microplus* (Canestrini, 1887). **Anfälligkeit, aktuelle und retrospektive Anwendung von Carrapaticiden auf Grundstücken in den physiographischen Regionen Baixada do Grande Rio und Rio de Janeiro: ein epidemiologischer Ansatz.** [Dissertation]. Rio de Janeiro: Ländliche Bundesuniversität von Rio de Janeiro, 1988.

LIMA, M.P., ZOGHBI, M.G.B., ANDRADE, E.H.A., SILVA, T. M.D., FERNANDES, C.S. **Volatile constituents from leaves and branches of *Cinnamomum zeylanicum* Blume (Lauraceae).** Acta Amazônica, 2005; 35 (3).

MAIA, J.G.S., ANDRADE, E.H.A., SILVA, J.K.R,; LIRA, P.N.B. **Constituintes voláteis de três espécimes de *Cinnamomum zeylanicum* Blume (Lauraceae).** 47. Brasilianischer Kongress für Chemie, 2007.

MARQUES, C. A.; **Die wirtschaftliche Bedeutung der Familie der Lauraceae.** Floresta e Ambiente. 2001; vol (8): 195.

MARTINS, J.R. und FURLONG, J. **Avermectin-Resistenz der Rinderzecke *Boophilus microplus* in Brasilien.** The Veterinary Record, 2001; 149 (92).

MENDES, M. C., VERiSSIMO, C. J., KANETO, C. N., PEREIRA, J. R. **Bioassays for measuring the acaricides susceptibility of cattle tick *Boophilus microplus* (Canestrini,1887) in Sao Paulo State, Brazil.** Arquivos do Instituto Biològico, Sao Paulo, 2001; vol (68): 23-27.

MENDES, M.C. **Resistenz der Zecke *Boophilus microplus* (Acari: Ixodidae) gegen Pyrethroide und Organophosphate und Zeckenbehandlung in Kleinbetrieben.** [Dissertation]. Campinas: Staatliche Universität von Campinas; 2005.

MENDES, S.S., BONFIM, R.R., JESUS, H.C.R., ALVES, P.B., BLANK, A.F., ESTEVAM, C.S., ANTONIOLLI, A.R, AND THOMAZI, S.M. **Evaluation of the analgesic and anti-inflammatory effects of the essential oil of *Lippia gracilis* leaves,** *J Ethnopharmacol*, 2010; vol (129): 391-397.

MIRESMAILLI, S., BRADBURY, R., ISMAN, M.B. **Comparative toxicity of *Rosmarinus officinalis* L. essential oil and blends of its major constituents against *Tetranychus urticae* Koch (Acari: Tetranychidae) on two different host plants.** Pest Manag. Sci. 2006; vol (62): 366-371.

MOLENTO, M.B. and DIAS, B. **Evaluation of the efficacy of carrapaticide products against *Boophilus microplus* in the region of Umuarama, Paranà.** Arquivos de Ciências Veterinàrias e Zoologia - UNIPAR, 2000; Bd. (3): 231.

MOLLENBECK, S., KONIG, T., SCHREIER, P., SCHWAB, W., RAJAONARIVONY, J., RANARIVELO, L. **Chemical composition and analyses of enantiomers of essential oils from Madagascar.** *Flav. Fragr. J.*, 1997; vol (12): 63-69.

MORSBACH, N., KOKETSU, M., GONÇALVES, S. L., GODOY, R. L.; LOPES, D. **Ätherische Öle aus Rinde und Blättern von *Zimt* (*Cinnamomum verum* Presi) aus Paranà.** Ciências Tecnologia de Alimentos, 1997; Bd. (17).

NATH, S.C., MODON, G., BARUAH, P. **Benzyl benzoate, the major component of the leaf and stem bark oil of *Cinnamomum zeylanicum* Blume.** *J. Essent. Oil. Res.*, 1996; vol (8): 327-328.

[a]NEVES, R. C. S., NEVES, i. A., MORAES, M. M., GOMES, C. A., BOTELHO, P. S., IÙNIOR, C. P. A.; CÂMARA C. A. G. **Atividade acaricida do óleo essencial de *Eugenia unifora* L. e**

Cinnamomum zeylanicum sobre *Tetranichus urticae*. 32 Reuniao Anual da Sociedade Brasileira de Quimica, Recife-PE, 2009.

NIST, Mass Spectral Library (NIST/EPA/NIH), **National Institute of Standards and Technology**, Gaithersburg, Md, USA, 2005.

OH, J., BOWLING, J.J., CARROLL, J.F. **Natural product studies of U.S. endangered plants: Volatile components of** *Lindera melissifolia* **(Lauraceae) repel mosquitoes and ticks.** Phytochemistry, 2012; vol (80): 28-36.

OLIVEIRA, D. R., LEITAO, G. G., SANTOS, S. S., BIZZO, H. R., ALVIANO, D. C. S., ALVIANO, D. S., LEITAO, S. G. **Chemische und antimikrobielle Analysen des ätherischen Öls von** *Lippia origanoides* H.B.K. J Ethnopharmacol. 2006; vol (108).

OLIVEIRA, O.R., MENDES, M.C., JENSEN, J.R., VIEIRA-BRESSAN, M.C.R. **Bestimmung der minimalen Immersionszeiten von** *Boophilus microplus* **(Canestrini, 1887) verstopften Weibchen für** *in vitro* **Resistenztests mit Amitraz bei 50% wirksamer Konzentration (EC 50).** Revista Brasileira de Parasitologia Veterinària, 2000; 9 (1): 41-43.

PAVIA, D. L., LAMPMAN, G. M., KRIZ, G. S., VYVYAN, J. R. **Introduction to Spectroscopy.** 4 ed. Sao Paulo, CENGAGE. 2010.

PEREIRA, M.C. *Boophilus microplus* - **Taxonomische und morpho-biologische Übersicht.** 1 ªed. Quimio Divisao Veterinària. Sao Paulo. 1982.

PEREIRA, M.C.; LABRUNA, M.B.; SZABÓ, M.P E KLAFKE, G.M. *Rhipicephalus (Boophilus) microplus.* **Biologie, Bekämpfung und Resistenz.** Editora Med Vet. Sao Paulo. Brasilien. 2008.

PERRUCCI, S., MACCHIONI, G., CIONI, P.L., FLAMINI, G., MORELLI, I. **Structure/activity relationship of some natural monoterpenes as acaricides against Psoroptes cuniculi.** J. Nat. Prod. 1995; 8 (58): 1261-1264.

PICHERSKY, E., NOEL, J.P., DUDAREEVA, N. **Biosynthesis of plant volatiles: the nature's diversity and ingenuity.** *Wissenschaft*, 2006; Band (311): 808-811.

PIMENTEL, F.A., CARDOSO, M.G., ZACARONI, L.M., ANDRADE, M.A., GUIMARAES, L.G..L., SALGADO, A.P.S.P., FREIRE, J.M., MUNIZ, F.R., MORAIS, A.R., NELSON, D.L. **Einfluss der Trocknungstemperatur auf den Ertrag und die chemische Zusammensetzung des ätherischen Öls von** *Tanaecium nocturnum* **(barb. Rodr.) bur. und K. Shum.** Quimica Nova. 2008; 31 (3).

RAO, Y. R., PAUL, S. C., DUTTA, P. K. **Major constituents of essential oils of** *Cinnamomum zeylanicum*. *Indian Perfum*, 1988; vol (32): 86-89.

RECK JÚNIOR, J.; BERGES, M.; TERRA, R.M.S.; MARKS, F.S.; VAZ JÚNIOR, I.S.; GUIMARAES, J.A.; TERMIGNONI, C. **Systemic alterations of bovine haemostasis due to** *Rhipicephalus (Boophilus) microplus* **infestation**. Res Vet Sci, 2009; vol (86): 56-62.

REIS, J. B. **Analytische Studie, Toxizitätsbewertung und molluskizide Aktivität von** *Cinnamomum Zeylanicum* **Blume (Zimt) ätherisches Öl gegen die** *Biomphalaria glabrata* **Schnecke.** [Dissertation]. Sao Luis: Bundesuniversität von Maranhao, 2012.

RIBEIRO, S.S.S.; SANTOS, P.A.D.; SANTOS, G.Q.; MARINHO, R.S.; KORRES, A.M.N. **Wässriger Extrakt von** *Cinnamomum zeylanicum* **Blume auf** *Escherichia coli.* Proceedings of the VIII Congress of Ecology of Brazil, Caxambu - MG, 2007.

ROEL, A.R. **Nutzung von Pflanzen mit insektiziden Eigenschaften: ein Beitrag zur nachhaltigen ländlichen Entwicklung.** *Interaçoes: Rev Int Desenvolv Local*, 2001; Band (1): 43-50.

SANTOS, R. I. **Grundlegender Stoffwechsel und Ursprung der Sekundärmetaboliten.** In: SIMÔES, C. M. **Farmacognosia da planta ao medicamento.** Porto Alegre: UFRGS, 2000. 323-354p.

SANTURIO, J.M. **Antimikrobielle Aktivität von ätherischen Ölen aus Oregano, Thymian und Zimt gegen Salmonella enterica Serovare von Geflügel.** Ciência Rural, 2007; 37 (3): 803-808.

SCHIPER, L.P. **Geheimnisse und Tugenden von Heilpflanzen.** Rio de Janeiro: Reader's Digest Brasil, 1999.

SENANAYAKE, U. M., LEE, T. H., WILLS, R. B. H. **Volatile constituents of cinnamon (***Cinnamomum zeylanicum***) oils.** *J. Agric. Food Chem.*, 1978; vol (26): 822-824.

SEQUEIRA, T. und AMARANTE, A. **Parasitologia animal.** CD-ROM. Sao Paulo: Epub, 2002.

SERAFINI, L. A. **Biotecnologia: avanços na agricultura e na agroindustria.** Caxias do Sul: EDUCS, 2002.

SILVA, J. K. R., SOUSA, P. J. C., ANDRADE, E. H. A., MAIA, J. G. S., J. **Agric**. Food Chem. 2009; vol (55): 9422.

SILVA, M.C.L., SOBRINHO, R.N., LINHARES, G.F.C. *In-vitro-Bewertung* **der Wirksamkeit von Chlorfenvinphos und Cyhalothrin auf** *Boophilus microplus* **bei Rindern in der Milchwirtschaft der Mikroregion von Goiânia, Goiàs.** Ciência Animal Brasileira, 2000; vol (1): 143148.

SILVERSTEIN, R. M., WEBSTER F.X., KIEMLE D.J. **Spectrometric Identification of Organic Compounds.** 7. Auflage. Rio de Janeiro, Livros Técnicos e Cientificos S.A., 2007.

SIMÔES, C. M. O., SCHENKEL, E. P., GOSMANN, G., MELLO, J. C. P., MENTZ, L. A.

PETROVICK, P. R. **Farmacognosia: da planta ao medicamento**. Ed. 6a, Porto Alegre, ED. UFRGS, 2007.

SINDAN. **Nationaler Verband der Industrie für Tiergesundheitsprodukte, 2010.** Veterinärmarkt nach therapeutischen Klassen und Tierarten, 2009. Verfügbar unter: < http://www.sindan.org.br/sd/sindan/index.html >. Abgerufen am: 12. Mai 2013.

SINGH, R., KOUL, O., RUP, P.J., JINDAL, J. **Toxicity of some essential oil constituents and their binary mixtures against *Chilo partellus* (Lepidoptera: Pyralidae).** Int. J. Trop. Insect Sci. 2009; vol (29): 93-101.

SOARES, M. C. S. C. **Vergleichende Bewertung der Wirksamkeit von pflanzlichen Arzneimitteln und chemischen Carrapaticid-Produkten bei der Bekämpfung von *Boophilus microplus* (Canestrini, 1887) mit Hilfe des Biocarrapaticidogramms.** [Dissertation]. Recife: Ländliche Bundesuniversität von Pernambuco, 2003.

STONE, B.F. and HAYDOCK, K.P. **A method for measuring the acaricide susceptibility of the cattle *B. microplus* (Can.).** Bull. Entomol. Res. 1962; vol (53): 563-578.

THOMAS, J., GREETHA, K., SHYLARA, K. S. **Studies on leaf oil and quality of *Cinnamomum zeylanicum*.** *Indian Perfum,* 1987; Band (1): 249-251.

TORRES, F. C. **Bewertung der karrapatiziden Aktivität von Fraktionen der ätherischen Öle von Citronella (*C. winterianus*), Rosmarin (*R. officinalis*) und Mastix (*S. molle*).** [Dissertation]. Porto Alegre: Päpstliche Katholische Universität von Rio Grande do Sul, 2010.

VARIYAR, P. S. und BANDYOPADHYAY, C. **On some chemical aspects of *Cinnamomum zeylanicum*.** *PAFAI J.*, 1989; vol(10): 35-38.

WERFF, H.W. und RICHTER, H. G. **Toward and improved classification of Lauraceae. Annals of the Missouri Botanical Garden,** 1996; vol (8): 419 - 432.

WIJESEKERA, R.O.B. **Die Chemie und Technologie von *Zimt*.** CRC Critical Review in Food Science and Nutrition, 1978; vol (10): 1-30.

WIJESEKERA, R.O.B., JAYEWARDENE, A.L., RAJAPAKSE, L.S. **Volatile constituents of leaf, stem and root oils of cinnamon (*C. zeylanicum*)**. *J. Sci. Food Agric*, 1974; vol (5): 1211-1220.

YANG, Y.C., LEE, H.S., LEE, S.H., CLARk, J.M., AHN, Y.J. **Ovicidal and adulticidal activities of Cinnamomum zeylanicum bark essential oil compounds and related compounds against *Pediculus humanus* capitis (Anoplura: Pediculidae).** Int. J. Parasitol. Sept., 2005; vol (23).

YUNES, R.A. und FILHO, V.C. **Quimica de produtos naturais, novos fàrmacos e a moderna**

farmacognosia. 2.ed.-Itajai, 2009.

I want morebooks!

Buy your books fast and straightforward online - at one of world's fastest growing online book stores! Environmentally sound due to Print-on-Demand technologies.

Buy your books online at
www.morebooks.shop

Kaufen Sie Ihre Bücher schnell und unkompliziert online – auf einer der am schnellsten wachsenden Buchhandelsplattformen weltweit! Dank Print-On-Demand umwelt- und ressourcenschonend produziert.

Bücher schneller online kaufen
www.morebooks.shop

info@omniscriptum.com
www.omniscriptum.com

OMNIScriptum

Milton Keynes UK
Ingram Content Group UK Ltd.
UKHW032220011124
450424UK00002B/585